油气田常用泵操作与维护

张会森　主编

石油工业出版社

图书在版编目（CIP）数据

油气田常用泵操作与维护/张会森主编.
北京：石油工业出版社，2014.5
ISBN 978-7-5183-0031-0

Ⅰ．油…

Ⅱ．张…

Ⅲ．①输油气泵站－泵－操作－教材
②输油气泵站－泵－维修－教材

Ⅳ．TE974

中国版本图书馆 CIP 数据核字（2014）第 035840 号

出版发行：石油工业出版社
　　　　（北京安定门外安华里 2 区 1 号　　100011）
　　　　网　　址：http://pip.cnpc.com.cn
　　　　编辑部：(010) 64523582　发行部：(010) 64523620
经　　销：全国新华书店
印　　刷：北京中石油彩色印刷有限责任公司

2014 年 5 月第 1 版　2014 年 5 月第 1 次印刷
787×960 毫米　开本：1/16　印张：14.75
字数：280 千字

定价：35.00 元
（如出现印装质量问题，我社发行部负责调换）

《油气田常用泵操作与维护》
编 委 会

主　　任：冯尚存

副 主 任：杨　峰　史仲乾

委　　员：丁守仁　徐进学　蔡金海　崔建华

主　　编：张会森

编写人员：张会森　贾银娟　杜　博　王　婉

前　言

油气集输工艺流程中泵是核心设备之一，在油气集输作业中经常进行启停、维护、保养、更换等与泵相关的操作，每一种操作都有规定的标准化操作动作，操作过程中稍有不慎会造成严重的后果，甚至人身伤亡。采用标准化的动作操作生产现场中的泵，是杜绝事故、保证安全生产的一种较好的方法。让每一位员工都学会并掌握泵的标准化操作和日常维护技术是非常重要的。长庆油田公司以标准、实用、易懂为原则，组织拍摄制作了"油气田常用泵标准化操作与日常维护技术"多媒体培训教材，并编写了此配套教材。

本教材分为理论篇、操作篇、故障篇三大部分，包括单级离心泵、多级离心泵、注水泵、柱塞泵、隔膜泵、加药泵、油气混输泵、齿轮泵等47项常规操作项目标准化操作，详细阐述了离心泵、往复泵、螺杆泵、齿轮泵的分类、用途、选型、组成结构及工作原理。本书可以作为油气田员工培训指导书、集输工技能鉴定培训用书以及集输工技能竞赛参考用书。

本书由长庆油田公司培训中心编写，理论篇、故障篇由贾银娟编写，操作篇中的第六章由杜博编写，第七章、第八章、第九章由王婉编写，全书由张会森统稿审核。

本书在编写过程中得到了长庆油田公司劳动工资处、长庆油田公司培训中心、长庆油田公司第二采油厂的大力支持，在此表示衷心感谢。

由于时间仓促，书中难免有不妥之处，敬请广大读者和专家批评指正。

编　者

2013 年 10 月

目　　录

理　论　篇

操　作　篇

故　障　篇

理 论 篇

第一章 泵 的 概 述

泵是一种水力机械，它把原动机的机械能或其他形式的能量转换为输送液体所需能量，使液体具有一定的压能和动能。原动机通过泵轴带动叶轮旋转或改变工作腔的容积等方式对液体做功，使其能量增加，达到输送液体的目的。

一、泵的分类

在实际生产中，由于输送介质的种类、性质以及所需压力、流量与所处环境的不同，泵的类型多种多样，根据其结构和工作原理，可将泵分为叶片式、容积式和其他类型三大类。

（1）叶片式泵。

叶片式泵是利用叶轮在泵内做高速旋转运动把能量连续传递给液体，达到输送液体的目的，如离心泵、混流泵、轴流泵、旋涡泵等。

（2）容积式泵。

容积式泵是利用泵内工作室容积做周期性的变化来输送液体，如活塞泵、柱塞泵、隔膜泵、齿轮泵、螺杆泵等。

（3）其他类型的泵。

其他类型的泵是指上述两种类型泵以外的其他泵，如螺旋泵、射流泵、气升泵、水锤泵等。

二、泵的用途

泵是国民经济中应用最广泛、最普遍的通用机械，除了水利、电力、农业等大量采用外，石油化工生产用量最多。由于化工生产的原料、半成品和最终产品中很多是具有不同物性的液体，如腐蚀性、固液两相流、高温或低温等，要求有大量的具有一定特点的化工用泵来满足工艺上的要求。泵是机械工业中的重要产品之一，是发展现代工业、农业、国防、科学技术必不可少的机器设备，掌握使用维护泵的知识和技能具有重要的现实意义。

三、泵的性能

泵的性能主要体现在流量、扬程、使用温度、输送液体种类等。大型泵的流量每小时可达几十万立方米，微型泵则为每小时几毫升。泵的压力可从常压到高压，高压可达 100MPa 以上。泵输送液体温度为 $-200 \sim 800℃$ ；泵输送液体的种类繁多，如输送清水、污水、油液、酸碱液、悬浮液、液态金属等。

四、泵的选型

（一）泵选型的依据

泵选型主要依据泵所在系统或装置的有关参数、特性及其所处的环境条件和要求。

1. 输送介质的物理化学性能

输送介质的物理化学性能包括介质特性（如腐蚀性、磨损性、毒性等）、温度、固体颗粒含量及颗粒大小、气体含量、密度、黏度、汽化压力等。

2. 工艺参数

泵选择时应了解泵的流量、进出口压力、进出口系统管路的布置以及装置的运行方式（间歇运行或连续运行）等内容。

3. 其他因素

泵选型时要考虑场地条件的限制、工程造价、安装高度、安全环保等要求。

（二）泵选型的一般步骤

泵的结构形式、种类、规格很多，但一般可以按照以下步骤进行选择：

(1) 确定泵的使用条件。

(2) 选择泵的类型。

(3) 确定泵的规格。

(4) 确定泵的主要零部件的材料。

(5) 选择配套电动机（或其他原动机）的参数。

(6) 确定泵的轴封形式。

第二章 离 心 泵

离心泵具有性能范围广、流量均匀、结构简单、运转可靠以及维修方便等诸多优点，因此在工业生产中应用较普遍，属于叶片式泵的一种。

一、离心泵的分类及型号

(一) 离心泵分类

1. 按叶轮级数分

(1) 单级离心泵：泵轴上只装有一个叶轮，如图2-1所示。

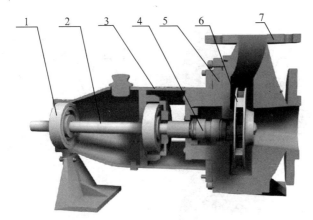

图2-1　单级单吸悬臂式离心泵结构示意图

1—轴承；2—泵轴；3—悬架部分；4—机械密封；5—泵盖；6—叶轮；7—泵壳

(2) 多级离心泵：同一泵轴上装有两个或两个以上叶轮，如图2-2所示。

2. 按叶轮吸入方式分

(1) 单吸式离心泵：叶轮只有一个吸入口，如图2-1所示。

(2) 双吸式离心泵：从叶轮两侧吸入，它的流量较大，如图2-3所示。

3. 按压力大小分

(1) 低压离心泵：$p \leqslant 1.5\text{MPa}$。

(2) 中压离心泵：$1.5\text{MPa} < p \leqslant 5\text{MPa}$。

(3) 高压离心泵：$p > 5\text{MPa}$。

4. 按泵输送介质分

(1) 水泵（输送水）。

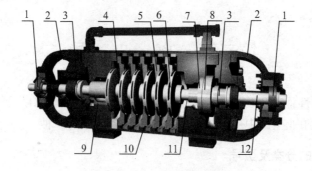

图 2-2　多级离心泵结构示意图

1—轴承；2—轴承架；3—机械密封；4—密封环；5—导叶；6—叶轮；
7—平衡环；8—平衡盘；9—进液段；10—中段；11—出液段；12—泵轴

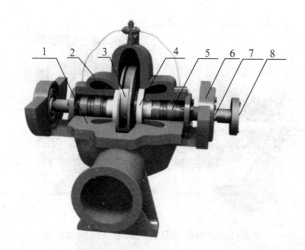

图 2-3　S 型双吸中开式泵结构示意图

1—泵体；2—泵盖；3—叶轮；4—双吸密封环；
5—机械密封；6—轴承体；7—泵轴；8—联轴器

（2）油泵（输送油品）。

（3）钻井泵（输送钻井液）。

（4）化工泵（输送酸碱及其他化工原料）。

5. 按比转速分

（1）低比转速泵：比转速为 $50 < n_s \leqslant 80$。

（2）中比转速泵：比转速为 $80 < n_s \leqslant 150$。

（3）高比转速泵：比转速为 $150 < n_s \leqslant 300$。

6. 按泵壳接缝形式分

(1) 垂直分段式（图2-2）。

(2) 水平中开式（图2-3）。

7. 按传动方式分

(1) 电动机直接传动的电动泵。

(2) 柴油机直接带动的柴油机泵。

(3) 蒸汽（燃气）轮机带动的汽（燃气）轮机泵。

(二) 离心泵型号

1. 离心泵型号说明

离心泵型号一般由三部分组成：

离心泵型号中的第一单元通常是以 mm 表示的吸入口直径，但大部分老产品用"英寸"表示，即以 mm 表示的吸入口直径被 25 除后的整数值。

第二单元是以汉语拼音首字母表示泵的基本结构、特征、用途及材料等，见表 2-1。

表2-1　离心泵型号和汉语拼音字母对照

汉语拼音字母	离心泵形式	汉语拼音字母	离心泵形式
B、BA	单级单吸悬臂水泵	R	热水循环泵
S、SH	单级双吸水泵	L	立式浸没式水泵
D、DA	多级分段水泵	CL	船用离心泵
DK	多级中开式水泵	Y	离心式油泵
DG	锅炉给水泵	F	耐腐蚀泵
N、NL	冷凝水泵	P	杂质泵

第三单元一般用数字表示泵的参数，这些数字对过去的大多数老产品是表示该泵比转速被 10 除的整数值，而目前表示以 m 水柱为单位的泵的扬程和级数。有时泵的型号尾部后还带有字母 A 或 B，这是泵的变型产品标志，表示在泵中装的是切割过的叶轮。

2. 离心泵型号表示方法

离心泵型号表示方法举例如下：

（1）"2B31A"表示吸入口直径为 50mm（流量为 12.5m³／h），扬程为 31m 水柱，同型号叶轮外径经第一次切割的单级单吸悬臂式离心清水泵。

（2）"200-43×9"表示吸入口直径为 200mm，单级扬程为 43m 水柱，总扬程为 43×9=387m 水柱，9 级分段式多级离心泵。

近年来我国泵行业采用国际标准 ISO 2858—1975（E）的有关标记、额定性能参数和系列尺寸，设计制造了新型泵，其型号表示方法如下：

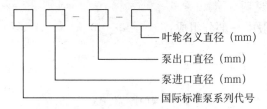

"IS80-65-160"表示单级单吸悬臂式清水离心泵，泵吸入口直径为 80mm，出口直径为 65mm，叶轮名义直径为 160mm。

"IH50-32-160"表示单级单吸悬臂式化工离心泵，泵吸入口直径为 50mm，出口直径为 32mm，叶轮名义直径为 160mm。

二、离心泵的结构

离心泵由六大部分组成、即转动部分、泵壳部分、密封部分、平衡部分、轴承部分与传动部分。

（一）转动部分

转动部分由泵轴、叶轮、轴套等组成，是产生离心力和能量的旋转主体，密封部分、平衡装置等也都套在轴上，是离心泵的关键部分。

1. 泵轴

泵轴是将动力机械能量传给叶轮的主要零件，并把叶轮和联轴器连在一起，组成泵的转子。它的材料要求有足够的抗扭强度和刚度，常用碳素钢和不锈钢制成。泵轴挠度不能超过允许值，运行转速不能接近产生共振的临界转速。泵轴一端用键、叶轮螺母和外舌止退垫圈固定叶轮，另一端装联轴器或皮带轮。为了防止填料与泵轴直接摩擦以及轴的锈蚀，多数泵轴在轴与水的接触部分装有钢制或铜制的轴套，轴套锈蚀后可以更换。

2. 叶轮

叶轮是离心泵的主要零件，叶轮由叶片、前后盖板、轮毂组成，泵的流量、扬程和效率都与叶轮的形状、尺寸及表面粗糙度有关。叶轮在前后盖板间形成流道，在泵轴的旋转下产生离心力，液体由叶轮中心轴进入，由外缘排出，完成液体的吸入与排出。叶轮的形式按进液方式可分为单吸和双吸两种。叶轮中叶片的弯曲方向和叶轮的旋转方向相反，叶轮按其结构可分为封闭式、敞开式、半封式3种类型，如图 2-4 所示。

（a）封闭式　　　　（b）半封式　　　　（c）敞开式

图 2-4　离心泵叶轮结构示意图

3. 轴套

轴套套装在泵轴上，一般是圆柱形的。轴套有两种：一种是装在叶轮与叶轮之间，主要是保护泵轴和固定叶轮；另一种是装在轴头密封处，防止密封填料磨损轴，起到保护轴的作用。

（二）泵壳部分

泵壳的作用是把液体均匀地引入叶轮，并把叶轮甩出的高压液体汇集起来导向排出侧或通入下一段叶轮，同时减慢叶轮甩出的液体速度，把液体动能转变为压力能。通过泵壳可把泵的各固定部分连为一体，组成泵的定子。

泵壳有蜗形泵壳和有导轮的分段泵壳两种。蜗形泵壳一般用于单级泵及水平中开式多级泵，其结构简单，水头损失小，轴向推力利用叶轮对称装置平衡，径向推力的平衡需采用其他措施，如图 2-5（a）所示。具有导轮的分段泵壳则多用在多级泵，其结构复杂，水头损失大，径向推力自己平衡，轴向推力的平衡采用平衡盘、平衡鼓、平衡管等措施，如图 2-5（b）所示。

（三）密封部分

为保证泵正常运转，效率高，防止泵内液体外流或外界空气进入泵体内，在叶轮与泵壳之间、轴与泵壳之间都装有密封装置。常用的密封装置有密封环（口环）、填料盒（填料箱）和机械密封（端面密封）。

密封环用来防止液体从叶轮排出口通过叶轮和泵壳之间的间隙漏回吸入口，以减少容积损失；同时承受叶轮与泵壳接缝处可能产生的机械摩擦，磨损后只换密封环而不必更换叶轮和泵壳。密封环有的装在叶轮上，有的装在泵壳上，也有

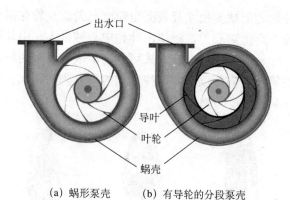

(a) 蜗形泵壳　　　(b) 有导轮的分段泵壳

图 2-5　离心泵泵壳结构示意图

的两边都有。密封环的形式很多，基本上可分为4种，即平接式、角接式、单曲迷宫式与双曲迷宫式。

　　填料盒位于泵壳与轴之间，在填料盒内放入填料，用来防止泵内液体沿轴漏出并能防止外界空气进入泵内。

　　机械密封是依靠固定在轴上的动环与固定在泵壳上的定环，两环平衡端面间紧密接触而达到密封的装置。机械密封根据装置形式分为单端面机械密封和双端面机械密封。双端面机械密封具有两道端面密封，多用于高温高压条件下运转的泵。

　　（四）平衡部分

　　泵在运转时，在其转子上产生一个方向与泵的轴心线相平行的轴向力。多级泵的轴向力很大。泵在工作之前，叶轮四周的液体压力都一样，因而不产生轴向力。当泵开始工作后，因压出室内产生了压力，并且由于叶轮两侧在进口、出口存在压差，便产生了轴向力。

　　平衡轴向力的方法很多，一般来说，单级泵不同于多级泵。单级泵平衡轴向力有4种方法，即采用平衡孔、平衡管、双吸叶轮以及平衡叶片。多级泵平衡轴向力也有4种方法，即叶轮对称布置，采用平衡盘法、平衡鼓法、平衡盘或平衡鼓组合法。平衡鼓装在末级叶轮之后用来平衡转子轴向力，平衡盘主要是平衡轴向力并起到定位转子位置的作用。

　　（五）轴承部分

　　轴承部分用来支撑泵轴并减小泵轴旋转时的摩擦阻力，在离心泵中通常采用滑动轴承和滚动轴承来平衡径向与轴向负荷。

　　（六）传动部分

　　离心泵与电动机中间的连接机构称为联轴器。它起着传递电动机的能量，缓冲轴向、径向的振动以及自动调整泵与电动机中心的作用。常用的联轴器有3种，即刚性联轴器、弹性联轴器与液力联轴器（耦合器）。

三、离心泵的工作原理

离心泵装置原理如图2-6所示。

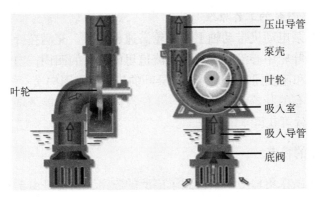

图2-6　离心泵装置原理示意图

液体进入叶轮后改变了液流方向；叶轮的吸入口与排出口成直角，液体经叶轮后的流动方向与轴线成90°，这种泵称为离心泵。

离心泵在开泵前必须向泵内灌入液体（如果是有压头进入液体时，则打开管路上的闸阀即可）。液体由吸入导管进入离心泵吸入室，然后流入叶轮，叶轮在泵壳内高速旋转，产生离心力。充满叶轮的液体受离心力作用，从叶轮的四周被高速甩出，高速流动的液体汇集在泵壳内，其速度降低、压力增大。根据液体总要从高压区向低压区流动的原理，泵壳内的高压液体进入压力低的出口管线（或下一级叶轮），在叶轮的吸入室中心处形成低压区，液体在外界大气压力的作用下源源不断地进入叶轮，补充于叶轮的吸入口中心低压区，使泵连续工作。

（一）单级单吸离心泵的工作原理

当单级单吸离心泵启动后，泵轴带动叶轮一起做高速旋转运动，迫使预先充灌在叶片间的液体旋转，在惯性离心力的作用下，液体自叶轮中心向外周做径向运动。液体在流经叶轮的运动过程中获得了能量，静压能升高，流速增大。当液体离开叶轮进入泵壳后，由于壳内流道逐渐扩大而减速，部分动能转化为压能，最后沿切向流入排出管路。当液体自叶轮中心甩向外周的同时，叶轮中心形成低压区，在贮槽液面与叶轮中心总势能差的作用下，液体从一侧（吸入口）被吸入叶轮中心。依靠叶轮的不断运转，液体被连续地吸入和排出。液体在离心泵中获得的机械能量最终表现为静压能的升高。

（二）单级双吸离心泵的工作原理

当单级双吸离心泵启动后，充满叶轮的液体由叶壳带动旋转，在离心力的作用下沿叶片所形成的流道不断排出，在叶轮的中心形成真空，在大气压力或压差的作用下，吸入管中液体从叶轮两侧（吸入口）源源不断地流入叶轮，形成均匀平稳的液流。

（三）多级离心泵的工作原理

当多级离心泵电动机带动轴上的叶轮高速旋转时，充满在叶轮内的液体在离心力的作用下从叶轮中心沿着叶片间的流道甩向叶轮的四周，由于液体受到叶片的作用，使压力和速度同时增大，经过导叶的流道而被引向次一级的叶轮。这样，液体逐次流过所有的叶轮和导叶，进一步使液体的压力、能量增加。将每个叶轮逐级叠加之后，就可获得一定扬程。

四、离心泵的特点

离心泵之所以在集输生产中得到了广泛的应用，主要是由于与其他类型泵相比，离心泵有以下特点：

（1）流量均匀，运行平稳，噪声小。

（2）调节方便。流量和压力可在很宽的范围内变化，只要改变出口阀或回流阀开度，就可以调节流量和压力。

（3）操作方便可靠，易于实现自动控制，检修维护也比较方便。

（4）在大流量下，泵的尺寸并不大，结构简单、紧凑，重量轻。

（5）转速高，可以与电动机、汽（燃气）轮机以及柴油机直接相连。

（6）由于离心泵没有自吸能力，在一般情况下启泵前要灌泵，或安装真空泵在泵的入口处。

（7）压力取决于叶轮的级数、直径和转速，而且不会超过由这些参数所确定的值。

（8）当输送的液体黏度增大时，对泵的性能影响很大，这时泵的流量、压力、吸入能力和效率都会下降。

五、离心泵的性能参数

（一）流量

流量也称为排量，指泵在单位时间内所输送液体的数量，可用体积流量（Q）或质量流量（G）表示。质量流量和体积流量的换算如下：

$$G = Q\rho$$

式中 G——质量流量，kg/s；

　　　Q——体积流量，m³/s 或 m³/h；

　　　ρ——液体密度，kg/m³。

（二）扬程

扬程又称为压头，是指单位质量的液体通过泵后获得能量的大小，用 H 来表示，其单位为 m。离心泵工作时，往往用压力表来测量扬程，单位是 Pa（帕），法定计量单位是 MPa（兆帕）。压力与扬程的关系为：

$$p=\rho gH \tag{2-2}$$

式中 p——压力，Pa；

　　　ρ——液体密度，kg/m³；

　　　g——重力加速度，取 9.8m/s²；

　　　H——扬程，m。

泵的总扬程包括吸入扬程、出水扬程和泵进出口液体速度头之差，即总扬程 = 吸入扬程 + 出水扬程 + 速度头之差。

（三）转速

转速是指泵轴每分钟旋转的次数，用符号 n 表示，单位为 r／min。一般泵规定的转速是指泵的最高转速许可值，实际工作中最高不超过许可值的 4%。转速的变化将影响泵的其他　系列参数的变化。

（四）功率

泵在单位时间内对液体所做的功称为功率，用符号 N 表示，单位为 W 或 kW。泵的功率有轴功率、有效功率以及原动机功率 3 种。轴功率是指离心泵的输入功率，用符号 $N_{轴}$ 表示，单位为 kW；有效功率是指泵在单位时间内对液体所做的功，用符号 $N_{有效}$ 表示，单位为 kW。3 种功率之间的关系为：

$$N_{有效}=\rho gQH \tag{2-3}$$

$$N_{轴}=N_{有效}/\eta_{效} \tag{2-4}$$

$$N_{原}=（1.1 \sim 1.2）\times N_{轴} \tag{2-5}$$

式中 ρ——液体密度，kg/m³；

　　　g——重力加速度，取 9.8m/s²；

　　　Q——体积流量，m³/s；

　　　H——扬程，m；

　　　$\eta_{效}$——泵效，%；

　　　$N_{原}$——原动机功率，kW。

泵铭牌上标明的功率是原动机功率，也称为配用功率。有些铭牌上标明的轴功率是指泵需要的功率。

（五）效率

泵的功率大部分用于输送液体，使一定量的液体增加了压能，即所谓有效功率；而另一部分功率消耗在泵的轴与轴承以及填料和叶轮与液体之间的摩擦、液流阻力损失、漏失等方面，这部分功率称为损失功率。效率是衡量功率中有效程度的一个参数，用符号 $\eta_{效}$ 并以百分数表示，即

$$\eta_{效} = \frac{N_{有效}}{N_{轴}} \times 100\% \tag{2-6}$$

泵效也等于泵的容积效率 $\eta_{容}$、机械效率 $\eta_{机}$ 和水力效率 $\eta_{水}$ 的乘积，即

$$\eta = \eta_{容}\eta_{机}\eta_{水} \tag{2-7}$$

$$\eta_{容} = \frac{Q-q}{Q} \tag{2-8}$$

$$\eta_{机} = \frac{N_{轴} - N_{损}}{N_{轴}} \times 100\% \tag{2-9}$$

$$\eta_{水} = \frac{H}{H_t} = \frac{H_t - h_t}{H_t} \tag{2-10}$$

式中　Q——泵的流量，m^3/h；

　　　q——泵的漏失量，m^3/h；

　　　$N_{损}$——损失功率，W；

　　　H——泵实际产生的扬程，m；

　　　H_t——理论扬程，m；

　　　h_t——总扬程损失，m。

（1）容积损失。由于泵的泄漏，泵的实际排出量总是小于吸入量，这种损失称为容积损失，主要包括密封环泄漏、平衡机构泄漏和级间泄漏损失。

（2）水力损失。叶轮传给液体的能量其中有一部分没有变成压能，这部分能量损失称为水力损失。水力损失包括冲击损失、旋涡损失和沿程摩擦损失。

（3）机械损失。叶轮在旋转时，液体与叶轮表面以及泵的其他零件之间所产生的摩擦损失称为机械损失。

（六）允许吸入高度

泵允许吸入高度也称为允许吸上真空度，表示离心泵能吸上液体的允许高度。一般用 $H_允$ 或 H_S 表示，单位为 m。为了保证泵的正常工作，必须规定这一数值，

以保证泵入口液体不汽化，不产生汽蚀现象。

（七）比转速

比转速是一个能说明离心泵结构与性能特点的参数，它是利用相似理论求得的，用符号 n_s 表示。任何一台泵，根据相似原理，可以利用比转速 n_s 按泵叶轮的几何相似与动力相似的原理对叶轮进行分类。比转速相同的泵即表示几何形状相似，液体在泵内运动的动力相似。

对于单级单吸泵，n_s 计算公式为：

$$n_s = \frac{3.65n\sqrt{Q}}{H^{3/4}} \tag{2-11}$$

对于单级双吸泵，n_s 计算公式为：

$$n_s = \frac{3.65n\sqrt{Q/2}}{H^{3/4}} \tag{2-12}$$

对于多级单吸泵，n_s 计算公式为：

$$n_s = \frac{3.65n\sqrt{Q}}{(H/i)^{3/4}} \tag{2-13}$$

式中　n——转速，r/min；

　　　Q——泵的额定流量，m^3/s；

　　　H——泵的额定扬程，m；

　　　n_s——泵的比转速；

　　　i——离心泵的级数。

六、离心泵的主要参数测定方法

（一）流量的测定

流量是指泵在单位时间内所输送液体的数量。如果横截面上各点的流速相等，即可求出其流速平均值，并且流体是均匀介质，不含有较多的异相流体，如油、水中不能含有太多的气体，不含有过多、过大的固体杂质，能够连续不间断地流动。流体在管道中流动时，必须全部充满管道，不能有自由表面存在，这时可以按简化的公式计算流量：

$$Q=vF \tag{2-14}$$

式中　Q——流量，m^3/s；

　　　v——平均流速，m/s；

　　　F——管道横截面积，m^2。

流量的计算单位对体积流量有 m³/h、L/s 以及 L/min 等，对质量流量有 t/h、kg/min 等。

离心泵流量测定可使用现场工艺配用流量计观察法进行测量，其流量计的精度要求不低于 0.2 级，并经校验；也可采用容积式测量法，即经标定的标准容器来测量流量；还可以采用流量计、流量表、流量测速仪等进行。由于离心泵输送的介质是液体，配合使用的容积式和速度式流量计较普遍。如果要配合商品油交接流量的测定，还应配以标准体积管等液体流量标准装置。

(二) 扬程的测定

泵的扬程是指单位质量的液体通过泵后能量的增加值或泵的扬水高度，通常用 H 表示，单位是 m。离心泵扬程的大小与泵的转速、叶轮的结构与直径以及管路情况等因素有关。

离心泵扬程是指全扬程，全扬程可分为吸上扬程和压出扬程，如图 2-7 所示。

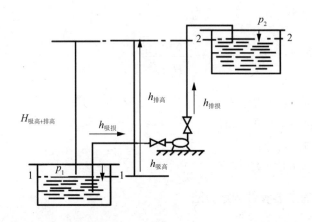

图 2-7　泵的扬程示意图

把液体从容器中吸入到泵内的扬程称为吸上扬程，吸上扬程 ($H_{吸}$) 包括吸入高度 ($h_{吸高}$) 和吸入管路阻力损失 ($h_{吸损}$) 两部分，可用如下公式表示：

$$H_{吸} = h_{吸高} + h_{吸损} \qquad (2-15)$$

把液体从泵内排到另一个容器的扬程称为压出扬程。压出扬程 ($H_{排}$) 包括排出高度 ($h_{排高}$) 和排出管路阻力损失 ($h_{排损}$) 两部分，可用如下公式表示：

$$H_{排} = h_{排高} + h_{排损} \qquad (2-16)$$

扬程的测定可以采用弹簧式压力表、液体差压计或液体真空压力计测定出泵的进出口压力，然后换算出扬程。测试时要求压力表的精度不低于 0.5 级。吸入

16

扬程可用真空压力表测量，压出扬程可用压力表测量，压力表或真空压力表分别安装在泵的出入口法兰处，其扬程按如下公式进行计算：

$$H = \frac{p_2 - p_1}{\rho g} + \Delta h$$

(2-17)

式中　H——扬程，m；

p_1、p_2——泵入口和出口处的压力，Pa；

ρ——被输送液体的密度，kg/m³；

g——重力加速度，取 9.8m/s²；

Δh——泵入口中心到出口处的垂直距离，m。

（三）转速的测定

转速的测定方法是使用转速表进行测量的。

（四）功率的测定

通常说的功率是指单位时间内所做功的大小，用符号 N 表示，单位为 W。

表示离心泵的功率时，可分为有效功率 $N_{有效}$、轴功率 $N_{轴}$、配套功率 $N_{配}$。

泵的有效功率表示在单位时间内对流经该泵的液体所做功的大小，也就是泵的质量流量和扬程的乘积，常用 $N_{有效}$ 表示，即

$$N_{有效} = \rho g Q H$$

从上面的式子可以看出，泵的有效功率与所输送液体的密度有关，在测定有效功率时，应根据输送介质密度的不同进行计算，同理，轴功率、配套功率也要相应地增减。

轴功率是指原动机传给泵轴的功率，常用 $N_{轴}$ 表示，由于泵内有各种损失，所以轴功率比有效功率要大些，它们与泵的效率之间的关系如下：

$$N_{轴} = \frac{N_{有效}}{\eta_{效}}$$

（五）效率的测定

泵的效率是表示泵性能好坏及动力的有效利用程度，泵效率越高，说明泵的使用越经济，它是泵的一项重要的经济技术指标。

泵在工作时，从原动机输入的轴功率不可能全部转化为有效功率，有一部分功率在泵内损失掉，把有效功率与轴功率之比称为泵的效率，用符号 $\eta_{效}$ 表示。

$$\eta_{效} = \frac{N_{有效}}{N_{轴}} \times 100\%$$

（六）比转速

每一台泵都有一个比转速，比转速是设计泵时的重要参数。在设计泵时，假

想出一台泵的转速，并且这台泵的全部零件与所研究泵零件几何相似，这台泵的流量是 0.075m³／s，扬程为 1m 水柱，消耗功率为 0.735kW，这时的转速就称为所研究泵的比转速，比转速常用符号 n_s 来表示。

比转速和离心泵性能的关系：同一型号的泵，比转速越大，则泵的扬程越低，而流量越大；反之，比转速越小，泵的流量小而扬程高。因此，对于同一尺寸的泵，如果它们的流量相差不大，比转速越小，扬程就越高，轴功率就越大；比转速越大，扬程越小，轴功率也就越小。

七、离心泵参数的测试步骤

（一）根据管路流量测算管内介质流速

（1）流速的计算公式如下：

$$v = \frac{Q}{F} \tag{2-18}$$

式中　v——管内介质的流速，m/s；

　　　Q——管内介质的流量，m³/s；

　　　F——管内横截面积，m²。

由式（2-18）可知，管内介质的流速、流量和输送介质管内横截面积是成比例关系的。在这 3 个因素中，流量 Q 和管内横截面积 F 不变，其流速一定不变，这个前提条件是管子直径没有变化，另外管道上没有支管进水，也没有支管出水。如果管子直径不变，流速随流量的变化而变化，同样的流量下管道直径大的管段流速就低；反之，流速就高。根据这三者的比例关系即可以计算出管内的流速。

（2）流速的仪器测量。

随着科学技术的发展，自动化水平的提高，利用测量介质流速的仪器仪表来直接读取数值更为方便、直观。

（二）使用常规法测定离心泵效率

常规法测定离心泵效率是通过 0.5 级以上的压力表、流量计、功率表、电流表及 $\cos\phi$ 表测出泵的主要参数，利用以下公式计算泵的效率：

$$N_{有效} = \frac{\rho Q H}{102} \tag{2-19}$$

$$N_{轴} = \frac{\sqrt{3} I U \cos\phi \eta_{机}}{1000} \tag{2-20}$$

$$\eta_{效} = \frac{N_{有效}}{N_{轴}} \times 100\% \tag{2-21}$$

式中　$N_{有效}$——泵的有效功率，kW；

$N_{轴}$——泵的轴功率，kW；

ρ——泵输送液体的密度，kg/m³；

Q——泵的流量（用流量计测量），m³/h 或 m³/s；

H——泵的扬程，m；

I——电流（用标准电流表测量），A；

U——（用标准电压表测量）电压，V；

$\cos\phi$——功率因数，取 0.85（也可用功率因数表测量）；

$\eta_{机}$——电动机效率，一般查出厂说明书，通常取 0.94。

（三）使用温差法（功率求解法）测试离心泵效率

温差法又称为热平衡法。它根据能量转换的原理，即液体在泵内的各种损失都转化为热能，这些热能又以液体温度升高的形式表现出来，可以用温度计测量泵出口与进口温度差来反映泵内损失大小，即反映泵效的高低。

1. 测试前的准备工作

（1）在测试地点准备 220V 的电源插座。

（2）待测泵安装校对好的标准压力表，进口、出口各一块。

（3）温差测试仪经校验并检查完好。

（4）准备好测试过程中所用工具、用具。

2. 测试步骤

以升压法测试为例，升压法测泵效要求按离心泵压力分为 3～5 个点，每两点间压力升幅差值应较小。

（1）先将待测泵压力降至某一低点值，稳定 15min，以达到热平衡。

（2）将 A、B 铂热电阻紧贴在一起，接通电源预热 15min。

（3）调整开关使数码显示到"零"点。

（4）逐渐开大灵敏度开关，用调节开关使表针调到"零"（或最小）。

（5）关闭电源，将 A、B 铂热电阻分开，A 电阻紧贴进口管线，B 电阻紧贴出口管线。

（6）接通电源，在保持最大灵敏度的情况下，调拨零、个位、十位挡直到表头指示为零，这时数码显示器显示的数字即为温差值。稳定 15min，同时录取入口压力、出口压力、泵压、电流、电压 5 个参数。

（7）按测试所需划分的点数将测试泵扬程提高，即控制出口阀门，每测一点稳定 15min，并录取参数。

（8）根据所测数据整理出各点泵效率。

3. 测试计算方法

计算泵效可利用公式（2-21）计算：

$$\eta = \frac{\Delta p}{\Delta p + 4.1868 \times (\Delta T - \Delta T_s)} \times 100\% \qquad (2-22)$$

式中　η——离心泵效率，%；

　　　Δp——泵进出口压差，MPa；

　　　ΔT——泵进出口温差，℃；

　　　ΔT_s——等熵温升修正值（查表），℃。

八、离心泵的性能

（一）离心泵的理论扬程

离心泵的理论扬程与以下两个假定条件相对应：

（1）叶轮内叶片数目无限多，液体完全沿着叶片的弯曲表面流动，无任何环流现象。

（2）液体为黏度等于零的理想流体，液体在流动中没有阻力。

在上述两个假定条件下，离心泵的理论扬程可以表示为：

$$H = \frac{1}{g}(r\omega)^2 - \frac{Q\omega}{2\pi b_2 g}\cot \beta \qquad (2-23)$$

式中　r——叶轮半径，m；

　　　ω——叶轮旋转角速度；

　　　Q——泵的体积流量，m³/h；

　　　b_2——叶片宽度，m；

　　　β——叶片装置角，（°）；

　　　H——离心泵的理论扬程，m；

　　　g——重力加速度，取 9.8m/s²。

下面具体分析叶片装置角 β（β_1、β_2），如图 2-8 所示。

（1）叶片装置角 β（β_1、β_2）是叶片的一个重要设计参数，当其值小于 90°时，称为后弯叶片；等于 90°时称为径向叶片；大于 90°时称为前弯叶片。叶片后弯时液体流动能量损失小，所以一般都采用后弯叶片。

（2）当采用后弯叶片时，$\cot\beta$ 为正，可知理论扬程随叶轮直径、转速及叶轮周边宽度的增大而增大，随流量的增大呈线性规律下降。

（3）理论扬程与流体的性质无关。

上述公式给出的是理论扬程的表达式。实际操作中，由于以下三方面的原因，使得单位质量液体实际获得的能量即实际扬程与离心泵的理论扬程有一定的差距，主要存在叶片间环流损失、阻力损失以及冲击损失。考虑这三方面原因之后，扬程与流量之间的线性关系也将发生变化。

20

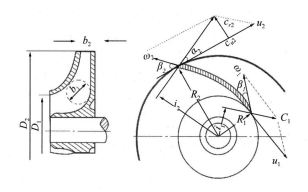

图 2-8　液体在叶轮中流动分析示意图

（二）离心泵的特性曲线

对一台特定的离心泵，在转速固定的情况下，表示其扬程、轴功率和效率与流量相对应的关系图形称为离心泵的性能曲线。由于扬程受水力损失影响的复杂性，这些关系一般都通过实验来测定，包括 $H-Q$ 曲线、$N-Q$ 曲线和 $\eta-Q$ 曲线。

离心泵的特性曲线一般由离心泵的生产厂家提供，标绘于泵产品说明书中，其测定条件一般是 20℃清水，转速也是固定的。离心泵性能曲线如图 2-9 所示。

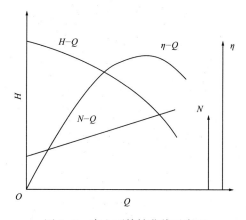

图 2-9　离心泵特性曲线示意图

（1）从 $H-Q$ 特性曲线中可以看出，离心泵的扬程在较大流量范围内是随流量增大而减小的。不同型号的离心泵，$H-Q$ 曲线的形状有所不同。较平坦的曲线，适用于扬程变化不大而流量变化较大的场合；较陡峭的曲线，适用于扬程变化范围大而不允许流量变化太大的场合。

（2）从 $N-Q$ 特性曲线中可以看出，N 随 Q 的增大而增大。显然，当 $Q=0$ 时，泵轴消耗的功率最小。因此，在 $Q=0$ 时的状态下启动，可减小电动机的启动功率。

（3）从 η-Q 特性曲线中可以看出，开始 η 随 Q 的增大而增大，达到最大值后，又随 Q 的增大而下降。η-Q 曲线最大值相当于效率最高点。泵在该点所对应的扬程和流量条件下操作，其效率最高，故该点为离心泵的设计点。

离心泵的铭牌上标有一组性能参数，它们都是与最高效率点对应的性能参数，即额定流量、额定扬程与额定效率。通常规定最高效率以下 7% 的工况范围为高效工作区。有的泵样本上只给出高效区段的性能曲线。

（三）离心泵特性的影响因素

1. 流体的性质

（1）液体的密度：离心泵的扬程和流量均与液体的密度无关，有效功率和轴功率随密度的增大而增大。这是因为离心力及其所做的功与密度成正比，但效率又与密度无关。

（2）液体的黏度：黏度增大，泵的流量、扬程、效率都会下降，但轴功率上升。因此，当被输送液体的黏度有较大变化时，泵的特性曲线也要发生变化。

（3）溶质的影响：如果输送的液体是水溶液，浓度的改变必然会影响液体的黏度和密度。输送液体浓度越高，与清水差别越大。输送液体浓度对离心泵特性曲线的影响同样反映在黏度和密度上。

2. 转速

离心泵的转速发生变化时，其流量、扬程和轴功率都要发生变化，其变化关系称为比例定律，即

$$\frac{Q_2}{Q_1}=\frac{n_2}{n_1};\frac{H_2}{H_1}=\left(\frac{n_2}{n_1}\right)^2;\frac{N_2}{N_1}=\left(\frac{n_2}{n_1}\right)^3 \qquad (2-24)$$

式中　Q_1、n_1、H_1、N_1——泵原来的流量、转速、扬程与功率；

　　　Q_2、n_2、H_2、N_2——泵改变转速后的流量、转速、扬程与功率。

3. 叶轮直径

叶轮尺寸对离心泵的性能也有影响。当切割量小于 20% 时，泵的流量、扬程和功率发生变化，其变化关系称为切割定律：

$$\frac{Q_2}{Q_1}=\frac{D_2}{D_1};\frac{H_2}{H_1}=\left(\frac{D_2}{D_1}\right)^2;\frac{N_2}{N_1}=\left(\frac{D_2}{D_1}\right)^3 \qquad (2-25)$$

式中　Q_1、H_1、D_1、N_1——泵原来的流量、扬程、叶轮外径和功率；

　　　Q_2、H_2、D_2、N_2——泵叶轮切削后的流量、扬程、叶轮外径和功率。

（四）离心泵的汽蚀

1. 离心泵汽蚀产生过程

在一定温度和压力条件下，液体开始沸腾汽化，于是液体中产生大量气泡，从而使液体转变为蒸气。离心泵工作时，泵内液体被叶轮甩向泵壳周边，使得叶轮入口处的压力降低。当压力等于或低于该温度下液体的饱和蒸气压时，就会有蒸气和溶解在液体中的气体大量逸出形成小气泡，随着液体进入叶轮中高压区。由于气泡周围液体压力大于气泡内的饱和蒸气压，气泡被击破而重新凝聚，周围液体快速向空穴集中，产生水力冲击且液体质点相互碰撞，冲击叶轮，使金属表面受到冲蚀，如气泡中含有活泼气体，还会对金属产生化学腐蚀，加速金属腐蚀，造成泵振动和性能下降。

2. 离心泵汽蚀的危害

（1）汽蚀可产生很大的冲击力，使金属零件的表面产生凹陷或对零件产生疲劳性破坏以及冲蚀。

（2）由于低压的形成，从液体中析出的氧气或其他气体在受冲击的地方产生化学腐蚀。在机械损失和化学腐蚀的作用下，加速了液体流通部分的破坏。

（3）汽蚀的开始阶段，由于发生的区域小，气泡不多，不至于影响泵的运行，泵的性能不会受大的改变。当汽蚀到一定程度时，会使泵流量、压力、效率下降，严重时断流，吸不上液体，破坏泵的正常工作。

（4）在很大压力冲击下，可听到泵内有很大噪声，同时使机组产生振动。

3. 离心泵汽蚀的故障处理

1）现象

（1）泵体振动；

（2）噪声强烈；

（3）压力表波动；

（4）电流波动。

2）原因

（1）吸入压力降低；

（2）吸入高度过高；

（3）吸入管阻力增大；

（4）输送液体黏度增大；

（5）抽吸液体温度过高，液体饱和蒸气压增大。

3）处理

（1）提高罐液位，增加吸入口压力；

（2）降低泵吸入高度；

(3) 检查流程，清理过滤网，增大进口阀门的开启度，减小吸入管的阻力；

(4) 输送黏度高的液体要提前加温降低黏度，或采取伴热水掺输的办法；

(5) 对锅炉减火降温，降低液体的饱和蒸气压。

4. 预防离心泵汽蚀的主要措施

(1) 过流部分断面变化率力求小，壁面力求光滑。

(2) 吸入管阻力要小，且短而直。

(3) 正确选择吸入高度。

(4) 汽蚀区域贴补环氧树脂涂料。

5. 提高离心泵抗汽蚀的措施

(1) 采用双吸叶轮。

(2) 增大叶轮入口面积。

(3) 增大叶轮进口流道宽度。

(4) 增大叶轮前后盖板转弯处曲率半径。

(5) 叶片进口流道向吸入侧延伸。

(6) 叶轮首级采用抗汽蚀材料。

(7) 设前置诱导轮。

(五) 离心泵工作点及参数调节

在泵的叶轮转速一定时，一台泵在具体操作条件下所提供的液体流量和扬程可用 $H-Q$ 特性曲线上的一点来表示。至于这一点的具体位置，应视泵前后的管路情况而定。分析泵的工作情况，不应脱离管路的具体情况，泵的工作特性由泵本身的特性和管路的特性共同决定。

1. 管路的特性曲线

泵的性能曲线只能说明泵本身的性能。但泵在管路中工作时，不仅取决于其本身的性能，还取决于管路系统的性能，即管路特性曲线，由这两条曲线的交点来共同决定泵在管路系统中的运行工况。

所谓管路特性曲线，是指在管路情况一定，即管路进口与出口液体压力、输液高度、管路长度与管径、管件数目与尺寸，以及阀门开启度都一定的情况下，单位质量液体流过该管路时所必需的外加扬程 H_e 与单位时间流经该管路的液体量 Q_e 之间的关系曲线。它可根据具体的管路装置情况，按流体力学方法计算得出。注意：管路特性曲线的形状与管路布置及操作条件有关，而与泵的性能无关。管路特性曲线是一条二次抛物线。

2. 离心泵的工作点

离心泵的特性曲线 $H-Q$ 与其所在管路的特性曲线 H_e-Q_e 的交点称为泵在该管路的工作点。如图 2-10 所示，工作点 M 所对应的流量 Q 与扬程 H 既是管路系统所要求的，又是离心泵所能提供的；若工作点所对应效率是在高效区，则该工作点对应的各性能参数（Q、H、η、N）反映了一台泵的实际工作状态。

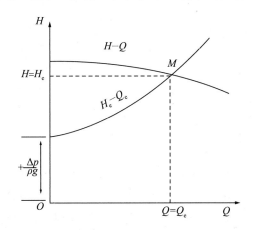

图 2-10　管路特性曲线和离心泵工作点示意图

3. 离心泵参数调节

由于生产任务的变化，管路运行参数有时是需要改变的，这实际上就是要改变泵的工作点。由于泵的工作点由管路特性和泵的特性共同决定，因此改变泵的特性和管路特性均能改变工作点，从而达到调节运行参数的目的。

1）改变出口阀的开度——改变管路特性

在生产过程中，流量的控制是通过调节离心泵出口阀门的开度来实现的。如图 2-11 所示，离心泵在额定工作点 M 工作时，相应的流量为 Q_M。若关小阀门，管路的局部阻力增大，管路特性曲线变陡，工作点由 M 点移向 $M1$ 点，流量被调节为 Q_{M1}。若开大阀门，管路局部阻力减小，管路特性曲线变得平坦，工作点由 M 点移向 $M2$ 点，流量被调节增大到 Q_{M2}。阀门调节快速简便，流量可连续性地变化，这种方法使用较为广泛。该方法的缺点是能量损失较大，且增加了阀门的节流损失，容易损坏阀门。

2）改变泵转速——改变泵的特性

通常采用改变泵的转速来调节流量如图 2-12 所示。当转速为 n 时的工作点为 M，相应的流量为 Q_M。若提高转速为 n_1，则泵的特性曲线上移，工作点由 M 移向 $M1$，流量由 Q_M 增大到 Q_{M1}。若把离心泵转速降低为 n_2，则泵的特性曲线下移，工作点由 M 移到 $M2$ 点，流量由 Q_M 减小到 Q_{M2}。这种调节方法可保持管路特性曲线不改变，工作点流量随转速下降而减小，动力消耗也相应降低，既能降低生产成本，又能提高经济效益。

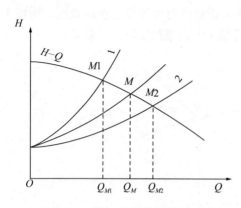 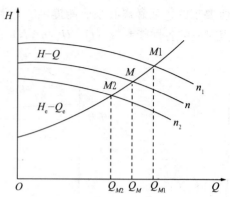

图 2-11 改变阀门开度的影响示意图   图 2-12 改变叶轮转速影响示意图

由于转速的改变，其他各参数也随之改变。但是改变转速是有限度的，一般提高转速时不能超过额定转速的 10%，这是因为受到泵材质和精度的约束；降低转速时不能超过 50%，否则会使泵的效率下降，或者抽吸不上液体。改变泵的转速可以从改变原动机的转速来实现，目前应用最广泛的是用变频器来调节电动机的转速，达到调节参数的目的。

3）车削叶轮直径及改变叶轮数量

切割叶轮直径就是将离心泵中的叶轮直径车削减小，从而改变离心泵的性能和特性曲线，来达到调节的目的。

改变叶轮数量的调节方法多用在多级泵上。如果工艺需要降低排量与扬程，可将多级离心泵中的叶轮去掉一个或几个，离心泵转子部分长度的缺少空间用加工的轴套来填补，泵壳不需做大的改变，这样相应地减少了叶轮，也减少了级数，达到调节参数的目的。

泵叶轮切割后效率不变或有所下降，但下降不多，若切割过多，效率会下降很多。因此，泵叶轮外径最大允许切割量有一定的范围，见表 2-2。

表 2-2 泵叶轮外径最大允许切割量

比转速，n_s	60	120	200	300	350	>350
最大允许切割量，%	20	15	11	9	7	0
效率下降值，%	每车削直径的 10%，效率下降 1		每车削直径的 4%，效率下降 1			

对于切割过的叶轮，若流量、扬程不够，可利用切割定律放大，但放大的叶轮直径以能装入泵内为限。对于多级泵的叶轮切割，只切叶片，不要把两侧盖板切掉。

26

4）回流调节

回流调节是将泵所排出液体的一部分经旁通管路回到泵的入口，从而改变泵输向外输管路中的实际排量。回流阀开度大，回流量大，外输管路流量减少；回流阀开度小，回流量少，外输管路流量增大。回流调节一般在以下情况下使用：

（1）来液量少，储罐液位低，运行泵有抽空现象。

（2）下站或下游流程不需现有排量或泵排量大而外输量需低排量时。

（3）气温较低，活动管线时回流调节较为方便，但损失能量较多，因为液体经泵出口又回到泵入口，所以回流调节只是在小范围内使用；如果调节量较大，或需频繁开启回流阀，就要选择其他方法。

九、离心泵的串联、并联

在实际生产中，有时单台泵无法满足生产要求，需要几台泵组合运行。泵组合方式有串联和并联两种方式。多台泵无论怎样组合，都可以看做是一台泵，因而需要找出组合泵的特性曲线。

（一）**串联泵组合特性曲线**

两台相同型号的泵串联工作时，要求每台泵的扬程和流量也是相同的。在同样的流量下，串联泵的扬程为单台泵的 2 倍。

串联泵特性曲线：将单台泵的特性曲线 1 的纵坐标加倍，横坐标保持不变，可求得两台泵串联后的联合特性曲线 2，即 $H_{串}<2H$。单台泵及组合泵的特性曲线如图 2-13 所示，曲线 3 为管路特性曲线。

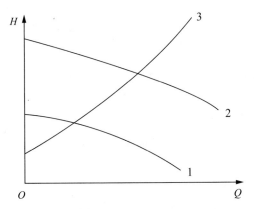

图 2-13 离心泵串联工作特性曲线示意图

（二）**并联泵组合特性曲线**

两台完全相同的泵并联，每台泵的流量和扬程相同，则并联组合泵的流量为单台的 2 倍，扬程与单台泵相同。

并联泵特性曲线：在每一个扬程条件下，使一台泵操作时的特性曲线上的流量增大一倍而得出。如图 2-14 所示，曲线 1 表示一台泵的特性曲线，曲线 2 表示两台相同的泵并联操作时的联合特性曲线，即 $Q_{并}<2Q$，曲线 3 为管路特性曲线。注意：对于同一管路，其并联操作时泵的流量不会增大 1 倍，因为两台泵并联后，流量增大，管路阻力也增大。

（三）联合方式选择

单台泵不能完成输送任务可以分为以下两种情况：

（1）扬程不够，$H < \Delta Z + \dfrac{\Delta \rho}{\rho g}$；

（2）扬程合格，但流量不够。

对于情况（1），必须采用串联操作；对于情况（2），应根据管路的特性来决定采用何种组合方式。如图 2-15 所示，对于阻力高管路，串联比并联组合获得的 Q 增值大；但对于阻力低的管路，则是并联比串联获得的 Q 增量多。

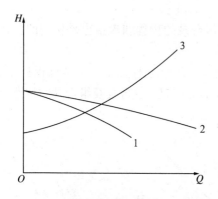

图 2-14　离心泵并联曲线工作示意图

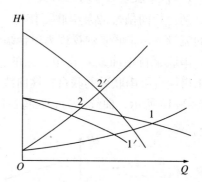

图 2-15　改变泵连接方式调节法

十、离心泵的能量损失

离心泵在运行过程中会发生能量损失，主要有容积损失、机械损失和水力损失三个方面。

（一）离心泵的容积损失

（1）密封环泄漏损失：在叶轮入口处设有密封环（口环），在泵工作时，由于密封环两侧存在着压力差，所以始终会有一部分液体从叶轮出口向叶轮入口泄漏，形成环流损失。这部分液体消耗的能量全部用于克服密封环阻力。

（2）平衡装置的泄漏损失：在离心泵工作时，平衡装置在平衡轴向力时将使高压区的液体通过平衡孔、平衡盘及平衡管等回到低压区而产生损失。

（3）级间泄漏损失：在多级泵运行中，级间隔板两侧压力不等，因而也存在着泄漏损失。

（二）离心泵的机械损失

（1）轴承、轴封摩擦损失：泵轴支撑在轴承上，为了防止液体向外泄漏，设置了轴封，当泵轴高速旋转时，就与轴承和轴封发生摩擦，该摩擦损失的大小与密封装置形式和润滑情况有关。

（2）叶轮圆盘摩擦损失：离心泵叶轮在充满液体的泵壳内旋转，这时叶轮盖板表面与液体发生相互摩擦，引起摩擦损失。它的大小与叶轮直径、转速及输送液体的性质有关；随级数的增加可成倍地加大，加工精度对该摩擦损失的影响也很大。

（三）离心泵的水力损失

（1）冲击损失：泵在设计流量工况下工作时，液体不发生与叶片及泵壳的冲击，这时泵效率较高。但当流量偏离设计工况时，液流方向就要与叶片方向及泵壳流道方向发生偏离，产生冲击损失。

（2）漩涡损失：在泵中过流截面积是很复杂的空间截面，液体在这里通过时，流速大小和方向都要不断地发生变化，因而不可避免地会产生漩涡损失。另外，过流表面存在着尖角、毛刺、死角区时也会增大漩涡损失。

（3）流动摩擦阻力损失：由于泵内过流表面的几何形状、表面粗糙度和液体具有的黏性，所以液体在流动时也会产生摩擦阻力损失。

在各部位的水力损失中，叶轮内的水力损失最大，占全部水力损失的1/2左右；其次是导翼转弯处的水力损失，大约占剩余的1/2左右，剩下的水力损失在其余各部位上。

十一、离心泵的选择

（一）选泵原则

转油站、联合站使用泵的类型是多种多样的，泵输送的介质也是不同的。为了满足工艺和生产的需要，选泵时要遵守以下原则：

（1）必须满足工艺要求（如流量、扬程和输送介质）。

（2）工作可靠（吸入能力足够，采用先进密封技术，零件精度较高），操作易于控制并易于维修。

（3）成本低（尺寸小，质量轻），工作经济（泵的工作点在高效区内）。

（4）工作范围广，工况可以改变。

（5）能充分利用现有的动力来源。

（6）要满足特殊需要，如防爆抗腐蚀，操作条件下压力和温度的变化等。

（二）选择泵机组

1. 选择离心泵的方法和步骤

（1）根据工艺条件详细列出基础数据。例如，输送介质的物理性质，包括密度、黏度、饱和蒸气压、腐蚀性；操作条件数据，包括操作温度，输出罐和输入罐内压力、容量，管线直径、长度及输送量；泵的安装位置数据，包括季节温度变化、海拔高度、相连装置工艺状况及参数等。

（2）根据管路系统对流量和扬程提出要求，从泵的样本产品目录或者系列特性曲线选出合适的型号。在选定型号时，要留有余地，即所选型号提供的扬程、流量、效率等参数要适当大一些。当有几种型号都能满足要求时，应选择效率最大的离心泵。

（3）选好型号后，要列出泵的有关性能参数。

（4）若被输送液体的密度大于水的密度，则要核算泵的轴功率是否符合要求。

2. 计算离心泵的流量和扬程

根据已知的基础数据，确定流量及扬程。基础数据的获得可以是现场实测或生产需要，但是要考虑到现场测试的误差，运行时设备的变化等。在选泵时，应进行理论计算来确定，并留有一定余量。也就是说，确定后的流量 Q、扬程 H 要比 Q_{max}、H_{max} 大些，即

$$Q = (1.05 \sim 1.10)Q_{max}$$
$$H = (1.10 \sim 1.15)H_{max} \qquad (2—26)$$

式中　Q——确定的流量，m^3/s；

　　　H——确定的扬程，m；

　　　Q_{max}——已知测试数据或生产需求最大流量，m^3/s；

　　　H_{max}——已知测试数据或生产需求最大扬程，m。

应当注意，参考泵样本上给出的数据，是在大气压力为 0.101325MPa 条件下，用 20℃ 的水作为介质进行实验得到的，输送油品时应进行核算。

3. 选择离心泵的类型与型号

泵的类型选择应根据输送介质的不同而确定。在联合站内，脱水系统多采用 Y 型泵，污水处理系统多选用 BA 型或 IS 型泵，供掺水用泵多采用 GC 型、SH 型，外输油泵多采用 Dy 型、Dk 型等。

根据确定的流量 Q 与扬程 H，可从离心泵性能规格表中选择泵的型号，常用的方法是将流量 Q 和扬程 H 的值标绘到该类型泵的系列性能曲线型谱图上，看其交点处在哪个切割高效区四边形中，该四边形框内即标注有待选的泵型号。

在泵型谱图中每个切割高效工作区四边形中都标注有离心泵的型号。大部分型号已按汉语拼音字母编制出来，通常分成首、中、尾三部分，首部是数字，表示泵的主要尺寸及规格，中部则用汉语拼音字母表示泵的形式或特征，尾部一般用数字表示该泵的参数。

泵的类型和型号确定之后，要考虑到使用泵的台数。目前国内各油田的输油泵房、污水泵房、掺水脱水泵房、机泵装置设置均按并联工艺流程设计，与整个系统分单元与管路按串联方式组成。这是考虑到并联流程的生产能力适应性强，并且能有一台机组备用。较适宜的并联工作机组数为 2 ～ 3 台，因此，就实际应用，为了方便轮换检修，而又保证泵站的正常生产，泵机组数常为 3 ～ 4 台。同一生产单元的泵并联使用时，应选用型号相同的泵，便于操作和维修。

4. 计算离心泵的功率

计算离心泵的功率时，应根据所输送介质的密度及确定的流量 Q、扬程 H 和效率 η 等因素进行。泵的功率有轴功率、有效功率和原动机功率 3 种。

（1）泵的轴功率和泵的有效功率分别按 $N_{有效}=\rho g Q H$ 和 $N_{轴}=N_{有效}/\eta_{效}$ 计算，单位为 kW。

（2）原动机功率是指与泵配合的电动机功率，也称配用功率，用 $N_{配}$ 表示，单位为 kW，即 $N_{配}=（1.1 ～ 1.25）N_{轴}$。

配用功率选用要比轴功率大，这是因为泵在工作时运行参数的调节范围较大，有时还会出现超负荷运行，考虑机泵的运行安全，确定原动机功率时应考虑到备用系数。一般认为，初选的轴功率大于 50kW 时，备用系数取 1.1；轴功率小于 50kW 时备用系数取 1.25，在泵样本上给出的配用功率，应以样本的技术条件为准。

（3）泵的功率：泵的功率大部分用于输送液体，使液体获得能量，而另一部分功率因运行时存在的容积损失、水力损失和机械损失而被消耗掉。

5. 核算所选离心泵的吸入性能

核算泵的吸入性能，主要目的是要使所选泵机组能够正常运转。核算时，可根据泵样本或铭牌上给出的允许吸上真空度或允许汽蚀余量，计算出允许的几何安装高度并与工艺状况进行比较核算。同时应考虑到泵样本或铭牌上给出的数值是制造厂家在标准大气压下输送常温（20℃）清水时试验得到的，这与泵的使用、安装条件存在着差异。就离心泵所输送的介质而言，其液相在温度与压力出现一定的变化时可以转化为气相，这是流体所固有的特性。了解和掌握这一特性，对于核算泵的吸入性能很有必要，不同的海拔高度下大气压力不同，大气压力与海拔高度成反比，各种温度下水的饱和蒸气压、不同温度下油品的饱和蒸气压也不一样，见表 2-3。在核算离心泵的吸入性能时，要掌握所选泵使用地点的海拔高度，输送液体的蒸气压与温度的关系，以保证吸入系统液体的气化压力 p_v 大于叶轮入口处的液流最低压力而不发生汽蚀，即满足泵的入口处吸入真空度 H_s 小于泵允许的吸入真空度或泵入口处的装置有效汽蚀余量 Δh 大于泵允许的汽蚀余量。核算泵的吸入性能可以采取泵样本给出的允许吸上真空度 H_s 或允许汽蚀余量 Δh 两种表示方法，利用相关公式进行核算。

表 2-3　不同海拔高度的大气压力对照以及不同水温时的饱和蒸气压力对照表

不同海拔高度的大气压力		不同水温时的饱和蒸气压力	
海拔高度，m	大气压力，mH₂O 柱	水温，℃	饱和蒸气压力，mH₂O 柱
−600	11.3	0	0.062
0	10.3	5	0.089
100	10.2	10	0.125
200	10.1	15	0.174
300	10.0	20	0.238
400	9.8	25	0.323
500	9.7	30	0.434
600	9.6	35	0.573
700	9.5	40	0.758
800	9.4	50	1.273
900	9.3	60	2.065
1000	9.2	70	3.25
1500	8.6	80	4.969
2000	8.1	90	7.40
3000	7.2	100	10.74
4000	6.3	110	15.36
5000	5.5	120	21.46
—	—	130	29.46
—	—	140	39.79
—	—	150	52.93

如果泵的使用条件与常态状况不同，则应把样本上给出的 H_s 参数换算成使用

条件下的 H_s' 值，换算公式为：

$$H_s' = H_s - 10.33 + H_a + 0.24 - H_v \qquad (2-27)$$

式中　H_s'——泵使用地点的允许吸上真空度，m；

　　　H_s——泵样本或说明书给出允许的吸上真空度，m；

　　　H_a——泵使用地点的大气压，mH_2O 柱；

　　　H_v——泵输送液体温度下的饱和蒸气压，mH_2O 柱。

1）利用 Δh 计算泵的几何安装高度

允许汽蚀余量 Δh 是指液流自吸入罐经吸入管路进入泵吸入口后，还具有推动和加速液体进入流道且高出液体气化压力以上的有效压力。目前，很多资料和泵的样本中不是使用允许吸上真空度 H_s，而是使用允许汽蚀余量 Δh 来表示其汽蚀性能参数。在选择和使用离心泵时，利用 Δh 来计算泵的几何安装高度 H_g 即核算吸入性能比利用 H_s 显得简便。

泵的几何安装高度计算公式为：

$$H_g = \frac{p_e}{\gamma} - \frac{p_v}{\gamma} - \Delta h - h_w \qquad (2-28)$$

式中　H_g——泵的几何安装高度，m；

　　　$\dfrac{p_e}{\gamma}$——吸入罐液面压力，m；

　　　$\dfrac{p_v}{\gamma}$——吸入介质的饱和蒸气压，m；

　　　γ——液体的重度，N/m^3；

　　　Δh——泵样本给出的允许汽蚀余量，m；

　　　h_w——吸入管路的液体流动损失，m。

2）利用 H_s' 计算泵的几何安装高度

计算公式为：

$$H_g = H_s' - \frac{v_s^2}{2g} - h_w \qquad (2-29)$$

式中　H_s'——泵作用地点的允许吸上真空度，m；

　　　$\dfrac{v_s^2}{2g}$——泵吸入口的平均速度压头，m。

6. 改善泵系统吸入性能的措施

为了改善离心泵输送系统的吸入性能，防止或减弱汽蚀，可采取以下措施：

（1）减小泵的几何安装高度。若是吸上操作，应使吸入高度小一些；若是灌注操作，应使灌注高度大一些。这是改善离心泵输送系统吸入性能的有效措施。

（2）适当加大吸入管管径，以减少吸入管路的液体流动阻力损失。

（3）选用双吸式泵或选用转速低的泵，可以减少泵的汽蚀余量。

（4）叶轮采用抗汽蚀性能好的材料，以减弱汽蚀对叶轮的影响。

（三）安装泵机组

1. 安装前的准备工作

（1）检查工具及吊装机械是否齐备。

（2）准备测量、校验使用的各种测量用具和仪器。

（3）准备好安装用的零配件和润滑油。

（4）安装前准备一系列厚度不一的平垫片和楔垫片，以备调整时使用。

（5）安装前确保所有与泵相连的管道应清洁，不得有任何对泵有可能造成损伤的固体异物。

（6）检查泵机组是否完好，转动是否灵活。

（7）检查机泵基础是否清洁完好。

2. 泵机组安装

（1）根据工艺要求和泵的汽蚀条件进行安装高度校核及地基土建工程施工。

（2）根据泵输送介质的属性确定连接处垫片的材质并加工垫片。

（3）对泵的吸入口、排出口应用盲法兰或其他结构进行封堵，以保证安装过程中无杂物进入泵腔。

（4）检查泵随机资料是否完备齐全，泵外表有无明显损伤。只有资料齐全，泵无明显损伤方可继续安装。

（5）手动盘车，缓慢转动联轴器或皮带轮，观察泵转动是否平稳、灵活，转子部件有无卡阻，泵内有无杂物碰撞声，轴承运转是否正常，皮带松紧是否合适等。

（6）检查地基的水平度是否合适及地基尺寸是否与泵安装尺寸相适应。

（7）找正泵与电动机、泵机组与地脚螺栓和进出口法兰的位置关系，确保泵的法兰扭矩符合标准规定。找正前应检查进出口管路的重量不对泵产生作用力或力矩。找正时还应消除泵转子窜动，以免端面间隙产生误差，如果在泵运行后检查，应在冷态下进行。对成套出厂的泵机组，用户使用时必须再进行精确的找正。

（8）用垫片调整泵的位置，用地脚螺栓将泵与地基连接；拆掉进出口法兰盲板，用螺栓将泵与管路连接；若无规定时，应符合《机械设备安装工程施工及验收通用规范》（GB 50231—2009）的规定。

（9）盘车。缓慢转动联轴器或者皮带轮，再次观察泵转动是否平稳、灵活，转子部件有无卡阻，泵内有无杂物碰撞声，轴承运转是否正常，皮带松紧是否合适。

（10）检查各连接处的密封性。

十二、检查验收离心泵

（一）检查相关文件

检查出厂合格证书和设备技术文件；对于大修或三保后的泵，要检查检修记录及更换零部件记录。

（二）检查地脚螺栓安装质量

（1）使用长度量尺测量泵机组地脚螺栓安装技术要求的尺寸，螺栓间的长度间距、角度位移不应超过技术文件规定的值。

（2）用水平仪贴紧螺栓，检查螺栓应垂直不歪斜，螺栓光杆部分应无油污和锈蚀及氧化皮，螺纹部分应涂少量油脂防腐。

（3）螺母拧紧后，螺栓外露 2 ~ 5 个螺距，机组各地脚螺栓受力、紧力均匀。螺母与弹簧垫圈、垫片与机组底座接触要紧密。

（三）检查垫铁安装质量

（1）观察法：检查垫铁放置位置要靠近地脚螺栓，垫铁组间距离一般为 500mm。

（2）单组垫铁的检查：平垫铁与斜垫铁配对使用，上下两层为平垫铁，中间两层为斜垫铁，单组垫铁总的高度为 30 ~ 70mm，层数不得超过 4 层，垫铁高度的调整要靠两斜铁间位移进行调整。

（3）垫铁与基础、底座接触应均匀，垫铁间的接触面应紧密，一般接触面积为 60% 以上，且受力均匀，不得偏斜；用 0.05mm 塞尺检查，插入 15mm 各点均匀。

（4）经找水平后的各垫铁组要点焊牢固，防止因振动等原因而产生位移，影响支撑强度；为便于检修垫铁组，应露出底座 10 ~ 30mm。

（四）检查泵机组安装质量

（1）泵体水平度的检验方法：机组底座安装在基础上时，应使用水平仪和长度尺检查安装基准质量。

（2）泵体水平度的检验标准：与建筑轴线距离允许偏差为 ±20mm；与设备平面位置允许偏差为 ±5mm；与设备标高允许偏差为 ±5mm。泵体水平度：纵向小于 0.05mm/1000mm，横向小于 0.10mm/1000mm。原动机水平度：纵向不大于 0.05mm/1000mm，横向不大于 0.10mm/1000mm。水平仪放置位置应为泵出入口法兰处。

（五）检查联轴器安装质量

（1）联轴器的形式及规格不同，安装质量允许偏差也不同，其检验方法分为千分表（百分表）找正法，或与水平仪配合找正法。常见联轴器安装允许偏差的质量标准见表 2-4，两个半联轴器端面间的间隙应符合表 2-5 的规定。

表 2-4　联轴器安装质量要求

联轴器外形最大直径	两轴的同轴度允许偏差		
mm	径向位移，mm	轴向位移，mm	倾斜
105 ～ 260	0.05	0.05	0.5mm/1000mm
290 ～ 500	0.10	0.10	0.10mm/1000mm

表 2-5　联轴器端面间的间隙

联轴器外形最大直径，mm	间隙，mm
105 ～ 140	2 ～ 4
170 ～ 220	4 ～ 6
260 ～ 330	4 ～ 8
410 ～ 500	8 ～ 10

（2）联轴器找正时，根据电动机或泵轴承类型、轴径的不同以及输送介质温度等因素，应考虑温度变化轴发生涨缩时对轴同心度的影响。

（3）联轴器端面间隙范围不包括电动机轴和泵轴窜量在内，以免在运行中出现顶轴现象。

（4）泵找正后对垫铁、地脚螺栓应进行一次复查，合格后进行抹面，抹面应符合设备技术文件或设计图样等有关规定。

（5）泵的工艺管线安装应以泵的出入口轴线为基准，不得强力结口。自控保护系统的安装调试应符合设备技术文件的有关规定。

（六）离心泵机组试运转

（1）开启冷却水上水阀门，并检查冷却水的压力及回水情况。

（2）启动循环油泵，将油压调至设备技术文件规定值，无循环油泵的检查轴承室润滑油油位、油量与油质。

（3）小型离心泵机组试运各部位应达到无杂音、摆动、剧烈震动或泄漏等现象。

（4）电动机空运转时间不得少于 2h。

（5）盘车检查转子应转动灵活。

（6）复查机泵联轴器的安装，应符合表 2-4、表 2-5 的有关规定。

（7）检查电动机旋转方向，应与泵旋转方向一致，然后安装联轴器弹性柱销。

（8）打开泵入口阀门灌泵，排出泵及工艺管路内的气体，活动出口阀门，待泵启动后，开启出口阀门，将泵压调整到设计规定值。

（9）泵运行中应无杂音。轴承温升：滑动轴承其温度不得超过75℃，滚动轴承其温度不得超过70℃。

（10）泵两端轴封应随时检查，调整密封填料压盖松紧程度，以保证正常泄漏量，一般以10～30滴/min为宜。机械密封不得渗漏。

（11）泵和电动机带负荷试运时间及振动振幅应符合设备技术文件规定，若无规定，则试运时间为48h，振幅应小于或等于0.06mm，运转正常，各项参数达到设计工艺规定值为合格。

十三、其他类型的离心泵

（一）自吸泵

不需要在吸入管路内充满液体就能自动地把液体抽上来的离心泵称为自吸泵。

1. ZX型系列自吸泵的结构

ZX型系列自吸泵结构如图2-16所示。ZX型系列自吸泵采用轴向回液的泵体结构，泵体由吸入室、储液室、涡卷室、回液孔、气液分离室等组成。

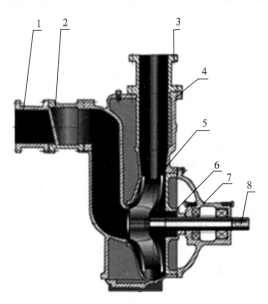

图2-16　ZX型系列自吸泵结构示意图

1—进口接管；2—进口单向阀；3—出水接管；
4—泵体；5—叶轮；6—机械密封；7—轴承座；8—泵轴

2. ZX 型系列自吸泵的工作原理

泵正常启动后，叶轮将吸入室所存的液体及吸入管路中的空气一起吸入，并在叶轮内得以完全混合，在离心力的作用下，液体夹带着气体向涡卷室外缘流动，在叶轮的外缘上形成有一定厚度的白色泡沫带及高速旋转液环。气液混合体通过扩散管进入气液分离室。此时，由于流速突然降低，较轻的气体从混合气液中被分离出来，气体通过泵体吐出口继续上升排出。脱气后的液体回到储液室，并由回流孔再次进入叶轮，与叶轮内部从吸入管路中吸入的气体再次混合，在高速旋转的叶轮作用下又流向叶轮外缘。随着这个过程周而复始地进行，吸入管路中的空气不断减少，直到吸尽气体，完成自吸过程，泵便投入正常作业。

3. ZX 型系列自吸泵型号的意义

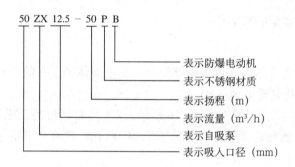

4. ZX 型系列自吸泵的特点

ZX 型系列自吸泵具有结构紧凑、操作方便、运行平稳、维护容易、效率高、寿命长，并有较强的自吸能力等优点；管路不需安装底阀，工作前只需保证泵体内储有一定量引液即可；简化了管路系统，又改善了劳动条件。

5. ZX 型系列自吸泵的应用范围

（1）适用于城市环保、建筑、消防、化工、制药、染料、印染、酿造、电力、电镀、造纸、工矿冲洗、设备冷却等。

（2）装上摇臂式喷头，又可将水冲到空中后散成细小雨滴进行喷雾，是农场、苗圃、果园、茶园的良好机具。

（3）适用于清水、海水及带有酸、碱度的化工介质液体与带有一般糊状的浆料（介质黏度不大于 100cP，固体含量为 30% 以下）。

（4）可与任何型号、规格的压滤机配套使用，是将浆料送给压滤机进行压滤的最理想配套泵种。

（二）管道泵

常用的管道泵是一种可安装在管道任意位置的立式单级离心泵。

1. 管道泵的结构

管道泵的结构如图 2-17 所示。

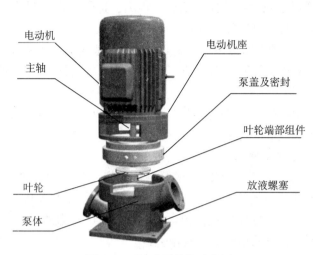

电动机
主轴
电动机座
泵盖及密封
叶轮端部组件
叶轮
泵体
放液螺塞

图 2-17 管道泵结构示意图

2. 管道泵的工作原理

管道泵之所以能把水送出去是由于离心力的作用。泵在工作前，泵体和进水管必须灌满水，当叶轮快速转动时，叶片带动水快速旋转，在离心力的作用下水从叶轮中飞出，经泵壳从出口导出，甩出水的叶轮中心部分形成真空区域，水源水在大气压或水压的作用下进入泵体，如此循环实现连续打水。

3. 管道泵型号的意义

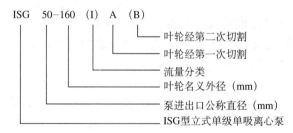

ISG   50-160   (I)   A   (B)

叶轮经第二次切割
叶轮经第一次切割
流量分类
叶轮名义外径（mm）
泵进出口公称直径（mm）
ISG型立式单级单吸离心泵

4. 管道泵的主要用途

（1）ISG 型立式管道泵供输送清水及物理性质类似于清水的其他液体使用，适用于工业和城市给排水、高层建筑增压送水、园林喷灌、消防增压、远距离送水、采暖、浴室等冷暖水循环增压等；使用温度低于 80℃。

（2）IRG（GRG）型立式热水（高温）循环泵，适用于能源、冶金、木材加工、化工、纺织、造纸及饭店、浴室、宾馆等锅炉热水增压循环输送与城市采暖系统循环用泵，IRG 使用介质温度不超过 120℃，GRG 型使用介质温度不超过 240℃。

（3）IHG 型立式管道化工泵，供输送不含固体颗粒，具有腐蚀性，黏度类似于水的液体，适用于石油、化工、冶金、电力、造纸、食品制药和合成纤维等行业，使用温度为 −20 ~ 120℃。

（4）IHGB 型不锈钢防爆型化工离心泵适用于输送易燃易爆性化工液体。

（5）YG 立式管油泵供输送汽油、煤油、柴油等石油产品，被输送介质温度为 −20 ~ 120℃。

（6）ISGD、IRGD、GRGD、IHGD、YGD、IHGBD 型立式低转速离心泵适用于环境噪声要求很低的场合及空调循环等。

5. 管道泵的工作条件

（1）吸入压力不高于 1.0MPa，或泵系统最高工作压力不高于 1.6MPa，即泵吸入口压力 + 泵扬程不高于 1.6MPa，泵静压试验压力为 2.5MPa。

（2）所输送介质中固体颗粒体积含量不超过 0.1%，粒度小于 0.2mm。如使用介质带有细小颗粒，可采用耐磨式机械密封。

（3）环境温度低于 40℃，相对湿度小于 95%。

（三）液下泵

液下泵根据伸入容器长度的不同（一般为 1 ~ 1.5m）而制成不同规格；工作部分淹没在液体内，轴封无泄漏现象；占地面积小，使用可靠，维修方便，耐腐蚀性能强；广泛适用于化工、制药、造纸、石油等工业部门。

1. 液下泵的结构

液下泵的立式电动机以螺栓固紧在电动机座上，并通过弹性联轴器与泵直接传动，泵体、中间接管、泵架、出液管、管法兰以螺栓连接构成一体，固定在底板上，泵的整体通过底板安装在容器上。泵的轴向力与径向力（包括泵运转中所产生的水压力、叶轮及转子重量等），均由轴承盒内所装单向推力球轴承、单列向心球轴承以及滑动导轴所承受，为保证泵安全正常运转，轴承以黄油润滑。导轴承用所输送的液体润滑。因此，液下泵工作时液面必须高于叶轮中心线。因为液下泵伸入容器长度不同，又分为中间导轴承结构和无中间导轴承的结构。液下泵结构如图 2−18 所示。

2. 液下泵的工作原理

对于液下泵，由电动机通过联轴器与泵轴连接，带动叶轮旋转。叶轮中的叶片迫使液体旋转，对液体做功，使其能量增加。液体在离心力的作用下向叶轮四周甩出，通过泵体的涡形流道将动能转换成压能。当叶轮内的液体被甩出后，叶轮内的压力低于进水管内压力，新的液体在压差的作用下吸入叶轮，液体就连续不断地从泵内流出。

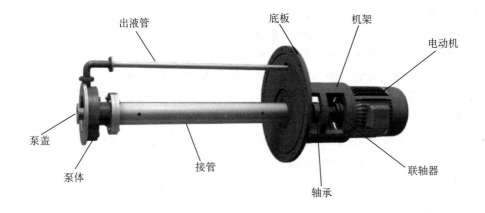

图 2-18 液下泵结构示意图

3. 液下泵型号的意义

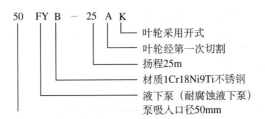

液下泵种类较多，常用液下泵的代号表示见表 2-6。

表 2-6 液下泵的代号

材料	HT200	1Cr18Ni9Ti	Crl8Nil2M02Ti	叶轮	离心式双平衡叶轮	开式双平衡叶轮
代号	T	B	M	代号	L	K

4. FY 耐腐蚀液下泵的特点

（1）泵为立式液下泵，外形美观，直接安装在被输送介质的储存器上，无额外占地面积，从而降低了基建投入。

（2）取消了离心泵机械密封，解决了其他液下泵因机械密封容易磨损而须经常维修的问题，节约了运行成本，提高了工作效率。

（3）采用独特的离心式双平衡叶轮，供输送不含固体颗粒等清洁的介质，振动、噪声很低，效率高；采用开式双平衡叶轮，供输送不清洁带有固体颗粒及短纤维的液体，运行平稳、不堵塞。

5. FY 耐腐蚀液下泵的使用条件

(1) 被输送介质温度为 -20 ~ 140℃。

(2) 铸铁材质的化工泵，要求输送介质 pH 值在 5 ~ 9 范围内。

(3) 采用开式叶轮的泵，被输送液体中含有的固体颗粒直径以不超过泵吸入口直径 30% 为宜。

（四）屏蔽泵

随着化学工业的发展以及人们对环境、安全意识的提高，对化工用泵的要求也越来越高，在一些场合对某些泵提出了绝对无泄漏要求，这种需求促进了屏蔽泵技术的发展。屏蔽泵由于没有转轴密封，可以做到绝对无泄漏，因而在化工装置中的使用已越来越普遍。

1. 屏蔽泵的结构

屏蔽泵的结构特点是泵与电动机直接相连，叶轮直接固定在电动机轴上，并置于同一个密封壳体内。在泵与电动机之间无密封装置，故电动机转子是在被输送液体中转动，电动机的定子线圈则是用耐腐蚀的非磁性材料制成薄壁圆筒（屏蔽套）与液体隔绝，泵与电动机的轴承一般是用耐腐蚀的材料（如石墨）制成。屏蔽泵结构如图 2-19 所示。

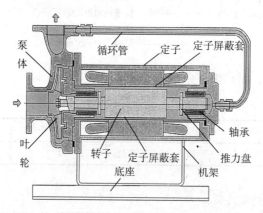

图 2-19　屏蔽泵结构示意图

2. 屏蔽泵的工作原理

在启动屏蔽泵前应向泵内灌满液体，此过程称为灌泵。工作时，泵叶轮中的液体跟着叶轮转动，在离心力的作用下液体自叶轮飞出，再由泵壳与管线排出泵外。

3. 屏蔽泵型号的意义

1) 屏蔽泵主要类型

屏蔽泵主要包括：F—基本型；R—逆循环型；B—高温分离型；G—自吸型；K—高熔点型；D—泥浆密封型；S—注液式气封型；X—封液式气封型；E—LPG

地上用；Z—特殊。

除这些类型的屏蔽泵外，现场常用的还有高压型、多级型以及泥浆型等。

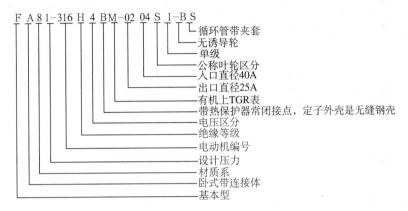

F A 8 1-316 H 4 BM-02 04 S 1-B S
循环管带夹套
无诱导轮
单级
公称叶轮区分
入口直径40A
出口直径25A
有机上TGR表
带热保护器常闭接点，定子外壳是无缝钢壳
电压区分
绝缘等级
电动机编号
设计压力
材质系
卧式带连接体
基本型

2）屏蔽泵安装方式与连接体表示

屏蔽泵安装方式与连接体表示符号见表2-7。

表2-7　屏蔽泵安装方式与连接体表示符号

安装方式	有连接体	无连接体
卧式	A	无表示 *
立式电动机上	V	W
立式泵上	P	Q

3）屏蔽泵主要材质

屏蔽泵主要材质包括：4—SUS304系（0Cr19Ni9）；5—SUS304L系（00Cr19Ni11）；6—SUS316系（0Cr17Ni12Mo2）；7—SUS316L系（00Cr17Ni14Mo2）；8—Cr18Ni9系；9—特殊。

4）屏蔽泵设计压力

屏蔽泵设计压力包括：1—10kgf/cm²（1MPa）；2—20kgf/cm²（2MPa）；3—30kgf/cm²（3MPa）；4—40kgf/cm²（4MPa）；5—50kgf/cm²（5MPa）；6—60kgf/cm²（6MPa）；7—70kgf/cm²（7MPa）；8—80kgf/cm²（8MPa）；9—90kgf/cm²（9MPa）以上。

4. 屏蔽泵的特点

（1）输送液体不会泄漏，适合输送对人体有害、强腐蚀性、易燃易爆、昂贵、有放射性的液体。

（2）不会从外界吸入空气或其他物质，适合于真空系统的运行和一接触外界空气就变质的场合。

（3）不需要注入润滑液和密封液，既省去了注油的麻烦，也不会污染输送液。

（4）适合输送高温、高压、超低温液体，利用这种泵无轴封的特点来处理有轴封泵难以处理的上述特殊液体。

（5）电动机与泵一体，采用积木式结构，结构非常紧凑，所以体积小、质量轻，占地面积小，在安装方面无需熟练技术。

（6）因无冷却电动机风扇，所以运转声音很小。

（7）主要维护只是更换轴承，减少了运行成本。

5. 屏蔽泵的适用条件

不同类型的屏蔽泵，其使用条件不同。

（1）基本型。

输送介质温度不超过 120℃，扬程不超过 150m。其他各种类型的屏蔽泵都可以在基本型的基础上经过变型和改进而得到。

（2）逆循环型。

此类型屏蔽泵对轴承润滑、冷却和电动机冷却的液体流动方向与基本型正好相反。其主要特点是不易产生汽蚀，特别适用于易汽化液体的输送，如输送液化石油气、一氯甲烷等。

（3）高温分离型。

一般输送介质温度最高达 350℃，流量最高达 300m³/h，扬程最高达 115m，适用于热介质油和热水等高温液体。

（4）高熔点型。

泵和电动机带夹套，可大幅度地提高电动机的耐热性；适用于高熔点液体，温度最高可达 250℃。夹套中可通入蒸汽或一定温度的液体，防止高熔点液体产生结晶。

（5）自吸型。

吸入管内未充满液体时，泵通过自动抽气作用排液，适用于从地下容器中抽提液体。

（6）高压型。

高压型屏蔽泵的外壳是一个高压容器，使泵能承受很高的系统压力；为了支承处于内部高压下的屏蔽套，可以将定子线圈用来承受压力；适用于高压液体的输送。

（7）多级型。

装有复数叶轮，适用于高扬程流体输送，最高扬程可达 400m。

（8）泥浆型。

适用于输送混入大量泥浆的液体。

第三章 往 复 泵

往复泵是容积泵的一种，由于它是依靠活塞的往复运动改变工作缸容积来输送液体的，故称为往复泵。往复泵包括柱塞泵和活塞泵，适用于输送流量较小、压力较高的各种介质。当流量小于100m³/h、排出压力大于10MPa时，往复泵有较高的效率和良好的运行性能。

一、往复泵的分类及型号

（一）往复泵的分类

1. 根据液力端特点分类

（1）按工作机构可分为活塞泵、柱塞泵和隔膜泵。

（2）按作用特点可分为单作用泵、双作用泵和差动泵。

（3）按缸数可分为单缸泵、双缸泵和多缸泵。

2. 根据动力端特点分类

（1）曲柄连杆机构。

（2）直轴偏心轮机构。

3. 根据驱动特点分类

（1）电动往复泵。

（2）蒸汽往复泵。

（3）手动泵。

4. 根据排出压力 p_d 分类

（1）低压泵（$p_d \leqslant 2.5\text{MPa}$）。

（2）中压泵（$2.5\text{MPa} < p_d \leqslant 10\text{MPa}$）。

（3）高压泵（$10\text{MPa} < p_d \leqslant 100\text{MPa}$）。

（4）超高压泵（$p_d > 100\text{MPa}$）。

5. 根据活塞（或柱塞）每分钟往返次数 n 分类

（1）低速泵（$n \leqslant 100$ 次 /min）。

（2）中速泵（100 次 /min $< n \leqslant 550$ 次 /min）。

（3）高速泵（$n > 550$ 次 /min）。

（二）往复泵的型号

往复泵的型号一般由汉语拼音大写字母和阿拉伯数字组成，表示方法参考如下：其中，"第一特征"是指由泵的驱动方式、输送介质、结构特点、功能及主要配套五类中选出的最能代表泵的一个特征，见表 3-1，"特殊性能"见表 3-2。

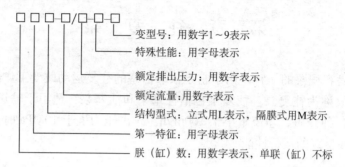

表 3-1　往复泵的第一特征代号

泵类别	字母	第一特征	泵类别	字母	第一特征
汽（气）动泵	Q	汽（气）动	水冲洗杂质泵	KC	颗粒、冲洗
输水（油）汽（气）动泵	QS（Y）	输水（油）	柱塞杂质泵	KZ	颗粒、柱塞
液动泵	YD	液动	活塞杂质泵	KH	颗粒、活塞
电动试压泵	DY	电动试压	液氨泵	A	氨
手动试压泵	SY	手动试压	氨水泵	AS	氨水
计量泵	J	计量	催化剂泵	CJ	催化剂
手动泵	SD	手动	氟里昂泵	F	氟里昂
隔膜杂质泵	KM	颗粒、隔膜	氨基甲酸铵泵	JA	甲铵
油隔离杂质泵	KY	颗粒、油	硅酸铝胶液泵	LY	铝液
去离子水泵	QZ	去离子	船用往复泵	C	船用
醋酸铜氨液泵	TY	铜液	上充泵	SC	上充
硝酸泵	X	硝酸	注水泵	ZS	注水
油泵	Y	油	增压泵	ZY	增压
蒸汽冷凝液泵	ZN	蒸汽冷凝	—	—	—

表 3-2　往复泵的特殊性能代号

特殊性能	字母	特殊性能	字母
防爆	B	调节流量	T
防腐	F	保温夹套	W

例如，额定流量为22m³/h、额定排出压力为3.5MPa的双缸卧式汽动往复式油泵可表示为：2QY-22/3.5。又如，额定流量为60m³/h、额定排出压力为1.5MPa的防爆三缸卧式电动往复式甲铵泵可表示为：3JA-60/1.5-B。

二、往复泵的结构

往复泵通常由两个基本部分组成：一端是可实现机械能转换成压力能，并直接输送液体的部分，称为液缸部分或液力端；另一端是动力和传动部分，称为传动端，如图3-1所示。往复泵的液力端由活塞（或柱塞）、缸体（泵缸）、吸入阀、排出阀、填料函和缸盖等组成；传动端主要由曲轴、连杆、十字头等组成，如图3-2所示。

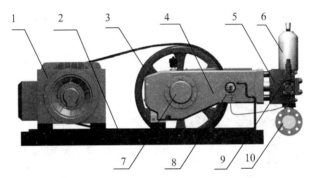

图3-1　往复泵整体结构示意图

1—电动机；2—泵底座；3—传动部分；4—动力部分；5—液力部分；6—蓄能器；

7—轴承压盖；8—耐震压力表；9—安全阀；10—吸入管总成

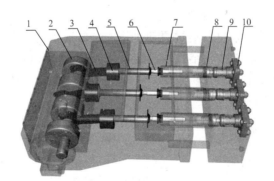

图3-2　往复泵内部结构示意图

1—传动箱；2—曲轴；3—连杆；4—十字头；5—连接杆；

6—柱塞；7—填料函总成；8—吸入阀总成；9—排出阀总成；10—泵头压盖

三、往复泵的工作原理

（一）单缸往复泵的工作原理

单缸往复泵的工作原理：当活塞向泵缸外运动时，泵缸室的容积逐渐增大，形成低压区，管路中的液体被吸进吸入管，此时入口单向阀打开，液体进入泵缸室；当活塞向泵缸外运动到最大距离时，泵缸室容积为最大，所吸的液体达到极限。当活塞向泵缸内运动时，液体受到挤压，压力开始上升；当有足够压力时，顶开出口单向阀，把液体排向出口管路中，入口单向阀此时被液体压住而关闭。当活塞运动至泵缸内最大距离时，吸入的液体被排尽，完成了一个工作循环。这样通过活塞的往复运动，不断吸入和排出液体，周而复始地连续工作，即完成输送液体，如图3—3所示。

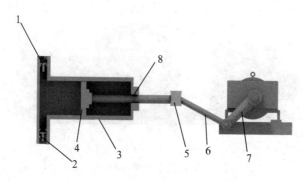

图3—3　单缸往复泵结构示意图

1—排出阀；2—吸入阀；3—泵缸；4—活塞；5—十字头；6—连杆；7—曲柄；8—填料函

（二）三缸往复泵的工作原理

三缸往复泵的工作原理：通过原动机将能量传递给往复泵皮带轮，由皮带轮带动曲轴高速运转，曲轴凸轮结构通过连杆将能量传递给柱塞，柱塞在往复运动过程中造成泵缸内工作室的容积改变，从而将能量转化为液体的动能及势能，达到吸入和排出液体的目的。

四、往复泵的性能特点

（一）往复泵的理论流量

往复泵的理论流量与活塞直径、行程和往复次数等有关，与排出压力无关。

单缸往复泵的理论流量计算公式为：

$$Q_t = \frac{FSni}{60 \times 1000} \tag{3—1}$$

双缸往复泵的理论流量计算公式为：

$$Q_t = \frac{(2F - f)Sni}{60 \times 1000} \tag{3-2}$$

式中　Q_t——泵的理论流量，L/s；

　　　F——活塞作用面积，cm²；

　　　S——活塞行程，cm；

　　　f——活塞杆截面面积，cm²；

　　　n——往复次数，次 /min；

　　　i——泵缸数目。

（二）往复泵的实际流量

往复泵的实际流量 Q 总小于理论流量 Q_t，即

$$Q = Q_t \eta_v \tag{3-3}$$

式中　η_v——泵的容积效率。

由 $Q = Q_t \eta_v$ 可知：

（1）压力降低时，溶解在液体中的气体会逸出，液体本身汽化；空气从填料箱等处漏入。

（2）活塞换向时，由于泵阀关闭迟滞，造成液体流失。

（3）活塞环、活塞杆填料等处的间隙以及泵阀关闭不严等会产生泄漏。

（4）一般输送常温清水的往复泵，$\eta_v = 0.80 \sim 0.98$。

（三）往复泵的瞬时流量

工作面积为 F（cm²）的活塞以速度 v（m/s）排送液体时的瞬时流量表达为：

$$Q = Fv \tag{3-4}$$

曲柄连杆机构将回转运动转换为往复运动，故 v 和 Q 将周期性变化。一般曲柄连杆长度比 $\lambda = r / L \leqslant 0.25$，$v$ 可用曲柄销的线速度在活塞杆方向的分速度代替，即

$$v = r\omega \sin\beta \tag{3-5}$$

式中　ω——曲柄角速度，rad/s；

　　　β——曲柄转角，（°）。

单缸泵的流量也近似地按正弦曲线规律变化，单缸泵的流量是很不均匀的。多缸往复流量的均匀程度显然要比单缸泵强。三缸泵 120°流量的均匀程度不但优于单缸、双缸泵，而且也比四缸泵 90°强些。往复泵的流量是不均匀的，其流量曲线变化如图 3-4 所示。由图 3-4 可知，单动泵的流量是间歇性的，双动泵的流量连续但不均匀，只有采用多缸体往复泵才可改善往复泵流量的不均匀性，

如三缸泵的流量就比较均匀。

往复泵的扬程与泵的几何尺寸无关，只要泵的力学强度和原动机的功率允许，理论上泵的压头不受限制，即可以满足输送系统对扬程的各种要求。实际上，由于活塞环、轴封及阀门等处的泄漏，降低了往复泵可能达到的压头。可见，往复泵的扬程是与流量无关的。

往复泵的排液能力与活塞位移有关，与管路状况无关；而压头则受管路的承压能力限制。这种性质称为正位移特性，具有这种特性的泵统称为正位移泵。正位移泵的流量不能用出口阀门来调节。

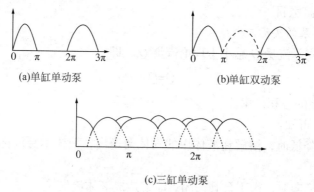

(a)单缸单动泵　　　　　　　(b)单缸双动泵

(c)三缸单动泵

图3-4　往复泵流量变化曲线

（四）往复泵的操作注意事项及流量调节

1. 往复泵的操作注意事项

往复泵的效率一般都在70%以上，最高可达90%，它适用于所需压头较高的液体输送。

往复泵可用于输送黏度很大的液体，但不宜直接用于输送腐蚀性的液体和有固体颗粒的悬浮液，这是因泵内阀门、活塞受输送液体腐蚀或被颗粒磨损、卡住，都会导致严重的泄漏。

（1）由于往复泵是靠贮液池液面上的大气压来吸入液体的，因而安装高度有一定的限制。

（2）往复泵有自吸能力，启动前无需灌泵。

（3）不允许关闭进口阀、出口阀启动往复泵，启动前应先打开进出口连通阀。

2. 往复泵的流量调节

（1）旁路调节。旁路调节是往复泵流量调节常用的方法之一，顾名思义，就是利用旁通管路将多余的流量引走，一般通过旁路调节阀的开度调节。这种方法并没有改变泵的总流量，只改变流量在旁路之间的分配；经济上并不合理，但对于流量变化幅度较小的经常性调节非常方便,生产上常采用。

(2)行程调节。行程调节主要应用在计量泵的流量调节上,通过一个专门装置调节柱塞的行程长度,实现对泵流量的调节;可以是手动调节,也可以是电动调节,或是手动调节加电动调节。

(3)变频调节。变频调节是目前往复泵流量调节最常用的方法,也是近年来发展并逐渐成熟的一项技术。其主要特点是可以实现远程自动控制,利用远端平台的传输数据可以实现无级调速。

(五)往复泵的特点

(1)有较强的自吸能力。往复泵具有抽出泵与吸入管中的空气,将液体从低处吸入泵内的能力。自吸能力可由自吸高度和吸上时间来衡量。泵吸入口造成的真空度越大,则自吸高度越大;造成足够真空度的速度越快,则吸上时间越短。

自吸能力与泵的型式和密封性能有直接关系。当泵阀、泵缸等密封变差,或余隙容积较大时,泵的自吸能力就会降低,故启动前灌满液体,可改善泵的自吸能力。

(2)理论流量与排出压力无关,只取决于电动机转速、泵缸尺寸和泵的冲程数。对往复泵不能用节流调节法,只能用变频调节或回流调节法调节流量。往复泵可通过调节柱塞的有效行程来改变流量。

(3)额定排出压力与泵的尺寸和转速无关。排出压力取决于泵原动机的转速、轴承的承载能力、泵的强度和密封性能等。为防止过载,泵启动前必须打开排出阀,且装设安全阀。

(4)流量不均匀,排出压力波动。为减轻波动频率,常采用多作用往复泵或设置空气室。

(5)转速不宜太快。电动往复泵转速多在 $200 \sim 300r / min$ 以下,若转速过高,泵阀迟滞造成的容积损失就会相对增加;泵阀撞击更为严重,引起更大噪声和磨损;液流和运动部件的惯性力也将随之增大,会产生有害影响。由于转速受限,往复泵流量不大。

(6)对运送液体污染度不是很敏感。但液体含固体杂质时泵阀容易磨损和泄漏,应装进口过滤器。

(7)结构比较复杂,易损件(活塞环、泵阀、填料等)较多。

综上所述,往复泵笨重,造价高,管理维护麻烦,在许多场合已被离心泵所取代。但舱底水泵和油轮扫舱泵等在工作中容易吸入气体,需要具有较好的自吸能力,故常采用往复泵;在要求小排量、高排出压力时,也可采用往复泵。

五、往复泵的零件质量要求

以下以卧式三柱塞泵为例,简述其零件质量标准。

（一）曲轴的质量要求

（1）曲轴表面无裂纹，必要时进行无损探伤检查。

（2）两端主轴颈的径向跳动允许偏差为0.03mm，同轴度允许误差为0.03mm，直线度偏差小于0.03 mm。

（3）曲拐轴中心线与主轴中心线平行度允许偏差为0.15～0.20mm/m。

（4）轴颈的直径减少量达到原直径的3%时，应更换新曲轴。

（二）连杆的质量要求

（1）连杆不得有裂纹等缺陷，必要时进行无损探伤检查。

（2）连杆大头与小头两孔中心线的平行度偏差应在0.03mm/m以内。

（3）连杆螺栓孔损坏，用铰刀修理后更换新的连杆螺栓。

（三）连杆螺栓的质量要求

（1）连杆螺栓不得有裂纹等缺陷，必要时进行无损探伤检查。

（2）根据历次检验记录，连杆螺栓长度伸长量超过规定值时不能继续使用。

（四）十字头组件的质量要求

（1）十字头体、十字头销不得有裂纹等缺陷，必要时进行无损探伤检查，并测量其圆柱度和圆度的偏差。

（2）用涂色法检查十字头销与连杆孔的接触情况，如孔磨损变形，可用铰刀修理，再配以新的销套。

（3）球面垫的球面不允许有凹痕等缺陷。

（4）检查十字头与滑板接触磨损情况，并检查滑板螺栓。

（五）柱塞的质量要求

（1）柱塞端部的球面不允许有凹痕等缺陷。

（2）柱塞表面硬度要求为45～55HRC，表面粗糙度Ra不高于0.8μm。

（3）柱塞不应弯曲变形，表面不应有凹痕、裂纹等缺陷。

（4）柱塞圆柱度偏差不应超过0.15～0.20mm，圆度偏差不应超过0.08～0.10mm。

（六）轴封的质量要求

泵大修时，填料应用事先制成的填料环进行全部更换；采用密封液的，应保证密封液管道畅通；导向套内孔巴氏合金出现拉毛、磨损等严重缺陷，应更换新的导向套；对调节螺母应进行探伤检查，不允许有裂纹等缺陷。

（七）缸体的质量要求

（1）对缸体进行着色探伤检查，若出现裂纹，原则上应更换新配件。

（2）大修时对缸体进行水压试验，试验压力为操作压力的1.25倍；缸体的圆度、圆柱度偏差不应超过0.50mm。

（八）进出口单向阀的质量要求

检查进出口单向阀的上、下阀套外圆及端面不允许有拉毛、凹痕等缺陷，其他阀件有裂纹的必须更换新配件。

（九）轴承的质量要求

（1）用涂色法检查轴承外圈与上盖、机座接触情况，接触面积不应少于表面积的 70% ～ 75%，且斑点应分布均匀。

（2）用涂色法检查连杆轴瓦与轴承盖、机座接触情况，接触面积不应少于表面积的 70% ～ 75%，且斑点应分布均匀，轴瓦的刮研应符合质量要求。

六、其他类型往复泵

（一）隔膜泵

1. 隔膜泵的结构及工作原理

隔膜泵是容积式往复泵的一种，它是依靠一个隔膜片的来回鼓动改变工作室容积来完成吸入和排出液体。

隔膜泵主要由传动部分和隔膜泵缸头两大部分组成。传动部分是带动隔膜片来回鼓动的驱动机构，它的传动形式有机械传动、液压传动和气压传动等，液压传动应用较为广泛。如图 3-5 所示，隔膜泵缸头部分主要由一个隔膜片将被输送的液和工作液分开，当隔膜片向传动机构一边运动，泵缸内工作室为负压而吸入液体；而当隔膜片向另一边运动时，则排出液体。输送液体不与柱塞和密封装置接触，这就使柱塞等重要零部件处于良好的工作状态。

隔膜泵工作时，曲柄连杆机构在电动机的驱动下带动柱塞做往复运动，柱塞的运动通过液缸内的工作液（一般为油）而传到隔膜片，使隔膜片来回鼓动。

2. 隔膜泵（液压式）的特点

（1）无动密封，无泄漏，有安全泄放装置，维护简单。

（2）压力可达 35MPa；流量在 10% ～ 100% 范围内，计量精度可达 ±1%；压力每升高 6.9MPa，流量下降 5% ～ 10%。

（3）价格较高。

（4）用于中等黏度的介质输送。

（二）计量泵

1. 计量泵的结构及分类

计量泵是指能够通过流量（或行程长度）调节机构（或设备），按流量（或行程长度）指示机构（或设备）上的指示精确地进行调节和输送介质的泵，其结构如图 3-6 所示。根据计量泵液力端的结构型式，常将计量泵分为柱塞式、液压隔膜式、机械隔膜式和波纹管式计量泵 4 种，其中，柱塞式、液压隔膜式应用较广

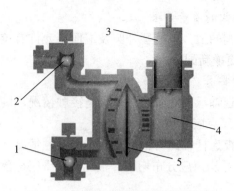

图 3-5　液压传动隔膜泵结构示意图

1—吸入阀；2—排出阀；3—柱塞；4—液缸；5—隔膜片

泛。工作腔内做直线往复位移的元件是柱塞（或活塞）的计量泵称为柱塞式计量泵；工作腔内做周期性挠曲变形的元件是薄膜状弹性元件的计量泵称为液压隔膜式计量泵（一般不特殊指明时，隔膜计量泵即指液压隔膜计量泵）。机械隔膜式计量泵的隔膜与柱塞机构连接，无液压油系统，柱塞的前后移动直接带动隔膜前后挠曲变形。波纹管式计量泵结构与机械隔膜式计量泵相似，只是以波纹管取代隔膜，柱塞端部与波纹管固定在一起，当柱塞做往复运动时，波纹管被拉伸和压缩，从而改变液缸的容积，达到输液与计量的目的。

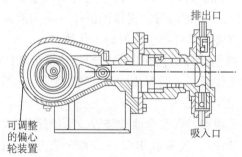

图 3-6　计量泵结构示意图

2. 计量泵的特点

计量泵除了具有一般往复泵的特性外，还具有以下特点：

（1）泵在运转过程中，流量可以根据使用需要从接近 0% 到 100% 的范围内进行无级调节。

（2）对所输送的液体能够计量，且能满足一定的计量精度要求，一般精度为 $\pm 1\%$，设计制造质量高的，精度可达 $\pm 0.3\%$。

计量泵由于具有上述突出的特点，因此在石油、造纸、食品、塑料、制药和日用化工等方面得到了广泛的应用。

54

第四章 螺 杆 泵

一、螺杆泵的分类及型号

（一）螺杆泵的分类

螺杆泵属于转子容积泵，它是依靠螺杆相互啮合空间容积的变化来输送液体的。按螺杆根数，螺杆泵通常可分为单螺杆泵、双螺杆泵、三螺杆泵、五螺杆泵等，它们的工作原理基本相似，只是螺杆齿形的几何形状有所差异，使用规范有所不同。

（二）螺杆泵的型号

螺杆泵的型号一般由汉语拼音大写字母和阿拉伯数字组成，常用的表示方法如下：

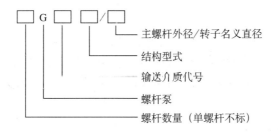

二、螺杆泵的结构及原理

（一）螺杆泵的结构

1. 单螺杆泵

单螺杆泵由螺杆（转子）、泵套（定子）、万向联轴器、泵壳及轴封组成，如图 4-1 所示。单螺杆泵工作时，螺杆（转子）在泵套的螺旋孔内做自转和公转的行星运动。螺杆的外表面与泵套的螺旋孔内表面相贴合构成密封线，在螺杆和泵套的螺旋槽之间形成数个互不相通的工作腔，当螺杆在定子螺旋孔内转动时，工作腔随螺杆的转动（自转和公转）以螺旋运动从泵的吸液端移向泵的排液端，同时其容积由小变大，再由大变小，完成输液过程。

单螺杆泵的优点是流量均匀，没有湍流、搅动和脉动；密封性能较好，排出压力较高，具有良好的自吸能力，可气、液、固多相输送；不破坏输送液体所含的固体颗粒；适用于输送清水或类似清水的液体，含有固体颗粒、浆状（糊状）的液体，含有纤维和其他悬浮物的液体，高黏度液体以及腐蚀性液体等。单螺杆泵的适用范围：流量为 0.03 ~ 450m³/h，排出压力小于 20MPa，操作温度为 −20 ~ 150℃，介质黏度不大于 1000Pa·s，固体含量从颗粒到粉末的体积分数为 40% ~ 70%，颗粒尺寸小于 e（螺杆截面圆心与轴线的偏心距），纤维长度小于 $0.4e$。单螺杆泵广泛应用于化工、石油、造纸、纺织、建筑、食品、日用化工、污水处理等行业。

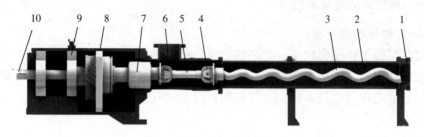

图 4-1　单螺杆泵结构示意图

1—压出管；2—衬套；3—螺杆；4—万向联轴器；

5—传动轴；6—吸入管；7—轴封；8—托架；9—轴承；10—泵轴

2. 双螺杆泵

双螺杆泵由两根螺杆、泵体及轴封等组成，如图 4-2 所示。一般所指的双螺杆泵是由左旋和右旋的两根单头螺纹螺杆同置于一泵体中，主动螺杆通过一对同步齿轮驱动从动螺杆共同旋转。两螺杆的螺纹齿相互置于对方的螺纹槽中，两螺杆螺纹的螺旋面之间、螺纹顶部与根部之间以及螺纹顶部与泵体内壁之间均有很小的间隙，以此间隙构成的密封在螺杆和泵体内壁之间形成一个或数个密闭的工作腔。

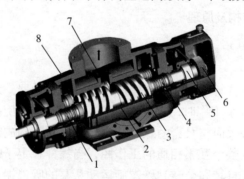

图 4-2　双螺杆泵结构示意图

1，4—机械密封；2—衬套；3—主动螺杆；5—轴承；6—齿轮；7—从动螺杆；8—泵壳

在泵工作时，随着螺杆的转动，在吸入端工作腔的容积逐渐变大并吸入液体，并将其密闭于工作腔内送向泵排出端；在排出端工作腔容积逐渐缩小，将被送液

体挤出工作腔，排至泵的输出管路中，完成输液过程。

双螺杆泵的优点是泵能连续地吸入和排出液体，流量和压力波动很小；两螺杆之间存在一定间隙（一般为 0.05 ~ 0.15mm），互相不接触；可以输送含有微小颗粒物的液体和腐蚀性介质，且噪声小、寿命长；泵排出压力决定于输出管路系统压力和密封线条数，即螺杆螺纹的螺距数；具有自吸能力，启动前无需灌泵；适用于输送具有一定黏度的液体，并可气液两相输送。

双螺杆泵的适用范围：流量为 0.3 ~ 2000m³/h；排出压力不大于 4MPa，非对称曲线齿形可达 8MPa；工作温度不高于 250℃；介质黏度为 1 ~ 1500mm²/s，降低转速后可达 105mm²/s。

3. 三螺杆泵

三螺杆泵主要由一根主动螺杆、两根从动螺杆以及包容三根螺杆的泵套组成，如图 4-3 所示。主动螺杆螺纹为凸形双头，从动螺杆为凹头，两者螺旋方向相反；螺杆螺纹的法向截面齿廓线型为摆线。

泵在工作时，主动螺杆和从动螺杆的螺纹相互啮合形成数条密封线。这些密封线同螺杆与泵套孔壁之间的间隙密封构成数个密封的工作腔，并将泵的吸入室和排出室隔开，使泵吸入端的工作腔能在螺杆转动中，容积逐渐增大，吸入液体；随螺杆继续转动，将液体密闭于工作腔内，并送向泵的排出端；随螺杆的转动，排出端工作腔容积逐渐缩小，将被送液体挤出工作腔，排至泵的输出管路中，完成输送液体。

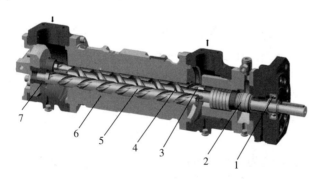

图 4-3　三螺杆泵结构示意图

1—轴承；2—机械密封；3、5—从动螺杆；4—主动螺杆；6—衬套；7—平衡套

在三螺杆泵中，主动螺杆直径和截面面积都较大，在泵工作时承受主要负荷。从动螺杆的主要作用是阻止液体从排出室漏回吸入室，同时主动螺杆和从动螺杆的啮合也阻止了被送液体随螺杆转动。螺杆每转一圈，被送液体沿螺杆的轴向由泵吸入端向出口端移动一个导程。螺杆连续地旋转，泵连续地输送液体。

三螺杆泵的优点是流量和排出压力平稳无脉动；对被送液体的搅动很小，泵运转平稳，振动小，寿命长；有自吸能力，并能气液混输；泵的转速较高，体积小，重量轻，结构简单紧凑，操作维护方便。但三螺杆泵的螺杆之间存在啮合关系，螺杆与孔壁的间隙较小，对液体的黏度和含有的颗粒物较为敏感，故适合输送润滑性较好、无颗粒的清洁液体。

三螺杆泵的适用范围：流量为 0.25 ～ 1000m³/h，最大可达 2000m³/h；排出压力一般不大于 25MPa，最高可达 70MPa；操作温度不高于 280℃；液体黏度一般为 5 ～ 500mm²/s；允许最大颗粒尺寸在 600μm 以下。三螺杆泵主要用于输送润滑油、液压油、重油、柴油、汽油、液体蜡以及黏度较小的合成树脂等；在化工装置中主要用于离心压缩机、大型泵等机组的润滑油泵、密封油泵等。

（二）螺杆泵的原理

螺杆泵内有一个或一个以上的螺杆，螺杆在有内螺旋的壳内运动，使液体沿轴向推进，挤压到排出口。在双螺杆泵中，螺杆泵是依靠螺杆相互啮合空间容积的变化来输送液体的。当螺杆转动时，吸入腔一端的密封线连续地向排出腔一端做轴向移动，使吸入腔的容积增大，压力降低，液体在压差的作用下沿吸入管进入吸入腔；随着螺杆的转动，密封腔内的液体连续而均匀地沿轴向移动到排出腔，由于排出腔一端的容积逐渐缩小，从而使液体排出。

（三）螺杆泵的特点

（1）结构简单紧凑，可与电动机直接连接，操作管理方便，具备离心泵的特点。

（2）流量小。

（3）扬程高。排出压力可达 40MPa，具备往复泵的优点。

（4）螺杆泵内的泄漏损失比较小，效率高，一般为 80% ～ 90%。

（5）流体在螺杆密封腔内无搅拌、连续地做轴向移动，没有脉动和漩涡，因此螺杆泵工作平稳，流量均匀。

（6）振动小，无噪声。主动螺杆对从动螺杆以液压传动，螺杆之间保持油膜，无扭矩。

（7）转速高，一般转速为 1450r/min，为其他容积泵所不及。

（8）有一定的自吸能力，略低于往复泵，但高于离心泵。

（9）流量随压力变化很小，在输送高度有变化时能保持一定的流量。

（10）能输送黏油和柴油，具备离心泵和容积泵的用途。

三、螺杆泵的性能参数

（一）螺杆泵的主要参数

螺杆泵的类型和性能参数对照见表4-1。

表4-1　螺杆泵的类型和性能参数对照

螺杆泵的类型	性能参数范围	用　　途
单螺杆泵	流量可达150m³/h，排出压力可达20MPa	用于输送糖蜜、果肉、淀粉糊、巧克力浆、油漆、石蜡陶土等
双螺杆泵	排出压力一般不超过1.4MPa，黏性液体排出压力最高可达7MPa，黏性不高的液体可达3MPa，流量一般为6～600m³/h，最大不超过1600m³/h，液体黏度不超过1500mm²/s	用于输送润滑油、润滑脂、原油、柏油、燃料油及其他高黏性油
三螺杆泵	排出压力可达70MPa，流量可达2000m³/h，液体黏度范围为5～250mm²/s	用于输送润滑油、重油、轻油及原油等。也可用于甘油及黏胶等高黏度的液体输送

（二）螺杆泵的零部件质量要求

1. 螺杆的质量要求

螺杆表面若拉毛，应用油石打磨光滑，表面粗糙度应低于 $Ra1.6\mu m$；螺杆与外端盖接触的端面应光滑，端面上始终保持有畅通的布油槽；轴颈的圆度和圆柱度偏差应小于直径的1/2000，轴的直线度偏差不应大于0.05mm。

2. 泵体的质量要求

泵体内表面粗糙度应低于 $Ra3.2\mu m$；泵体两端与端盖相配合的止口两内孔同泵体内孔同轴度允许偏差为0.02mm，两端面与内孔垂直度允许偏差为0.2mm/1000mm。

3. 其他零部件的质量要求

每次拆修，轴封中的橡胶骨架油封均需要更换；检查轴承，若有质量问题，则更换新轴承。

第五章　齿　轮　泵

由两个齿轮相互啮合在一起形成的泵称为齿轮泵。齿轮泵属于容积式转子泵。它一般用来输送具有较高黏度的液体，如燃料油、污油等，在集输系统中常用于加热炉燃料输送泵。齿轮泵的特点是扬程高，排量低。

一、齿轮泵的分类及型号

（一）齿轮泵的分类

齿轮泵的种类较多，按啮合方式可分为外啮合齿轮泵（图5-1）、内啮合齿轮泵（图5-2）；按齿轮的齿形可分为正齿轮泵、斜齿轮泵和人字齿轮泵等。

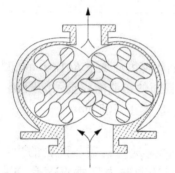
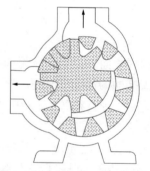

图5-1　外啮合齿轮泵结构示意图　　　　图5-2　内啮合齿轮泵结构示意图

（二）齿轮泵的型号

齿轮泵的型号一般由汉语拼音大写字母和阿拉伯数字组成，常用的表示方法如下：

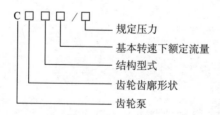

其中，结构型式分卧式（不标）和立式（L）；齿轮齿廓形状分渐开线形（J）和双圆弧形（Y）。例如，规定压力为 2.5MPa，流量为 3.2m³/h，卧式渐开线齿轮泵可表示为 CJ3.2/2.5。

二、齿轮泵的结构、原理及特点

（一）齿轮泵的结构

齿轮泵构造比较简单，主要由泵盖、泵体以及互相啮合的齿轮等组成，如图5-3所示。

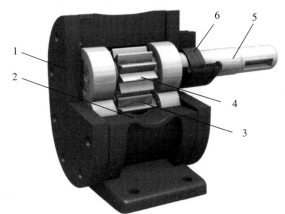

图5-3 齿轮泵结构示意图

1—泵盖；2—泵体；3—从动齿轮；4—主动齿轮；5—泵轴；6—填料

齿轮的齿顶与壳壁、齿侧面与轴承座侧盖的间隙要尽量小，以防止被输送液体的倒流。一般规定壳壁与齿顶径向间隙为 0.1 ~ 0.15mm，齿侧面与轴承座侧盖轴向间隙为 0.04 ~ 0.01mm。

齿轮泵可通过皮带传动或通过联轴器直接与动力机械相连接。齿轮按顺时针方向旋转。从动齿轮与主动齿轮几何尺寸通常相同，在特殊情况下也可以不一样。

（二）齿轮泵的原理

齿轮泵工作前，向泵内灌满液体，然后启动电动机带动齿轮泵旋转，壳体内齿轮的齿间所形成的容积缩小。因此，充填在该腔体中的部分液体被挤入压出腔，进入排出管道。与此相反，在吸入侧，由于齿轮旋转，啮合齿的脱开使吸入腔容积增大，吸入侧压力低，从而造成吸入口与吸入腔存在压差，使吸入侧的液体不断充满齿穴。这样，主动齿轮与从动齿轮不断旋转，泵就能连续不断地吸入和排出液体，如图5-4所示。

齿轮泵与往复泵不同，它不是做往复运动，而是做旋转运动；齿轮泵与离心泵也不同，它不是依靠离心力的作用，而是依靠容积的变化而工作的，它是容积式泵的一种。因为齿轮泵是靠工作室容积间隙的变化而输液的，因此，对一个确定的齿轮泵，流量也确定，是一个不变的定值。齿轮泵的特性曲线是一条垂线，即不管外界压力如何变化，它的流量都是固定不变的。

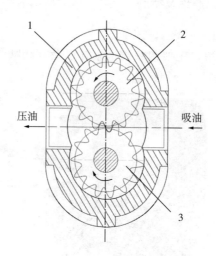

图 5-4 齿轮泵原理示意图

1—泵体；2—从动齿轮；3—主动齿轮

因齿轮泵的出口和入口是隔绝的，在外界需用油量减少时，会引起出口管道的压力急剧升高，以致使出口管道和泵壳发生爆破或使电动机超载。因此，齿轮泵出口（或出口管道上）设有安全阀，它在压力升高到一定程度时动作，使出口管内的一部分液体泄掉。

（三）齿轮泵的特点

（1）齿轮泵是容积式泵，但脉动现象比往复泵好，比离心泵大。

（2）齿轮泵有一定的自吸能力，但首次启泵要充满液体再启动，以免磨损齿轮。

（3）结构简单，操作可靠，转速高，可与电动机直接连接。

（4）适用于流量小、压力高的场合。

（5）适用于输送具有一定黏度、一定润滑性能的液体。

（6）齿轮泵特别适合输送具有润滑性能的液体，但不适合输送含有固体颗粒的液体和清水，否则就可能使转子磨坏，或使转子咬住不转动。同时，由于磨损增加，会影响泵的压头和流量。

（7）当压力增大时，会产生噪声和振动，流量和效率降低。

（8）排出管线上如果装有阀门，启泵和运转时出口阀门都必须打开；否则，会引起电动机超载或零件损坏。

三、齿轮泵的性能及技术要求

（一）齿轮泵的主要参数

齿轮泵的主要性能参数如下：

(1) 流量为 0.3 ~ 200m³/h（国外为 0.04 ~ 340m³/h）。

(2) 出口压力不大于 4MPa；转速为 150 ~ 1450r/min。

(3) 容积效率为 90% ~ 95%；总效率为 60% ~ 70%。

(4) 温度不高于 350℃。

(5) 介质黏度为 $1 ~ 1 \times 10^5$mm²/s（国外不大于 4.4×10^5mm²/s）。

（二）齿轮泵的性能

齿轮泵的特性曲线常用横坐标表示压差 p，纵坐标表示流量 q_V、效率 η、轴功率 $N_{轴}$等。图 5-5 为齿轮泵特性曲线示意图，其主要工作性能如下所述：

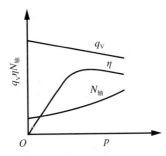

图 5-5　齿轮泵特性曲线示意图

（1）齿轮泵的扬程大小取决于输送高度和管路损失。理论上，齿轮泵的扬程可以无限大，但实际上泵的扬程要受到电动机功率、泵体、管道机械强度的限制，因此只能限制在某一数值范围内。

（2）齿轮泵流量基本上与排出压力无关，与泵转速成正比例关系。由于齿轮泵齿轮啮合时齿间容积变化均匀，流量不均匀，导致流量和排出压力的脉动。另外，由于齿轮泵结构上的原因，使得部分液体从排出室被压回吸入室，造成容积损失，这部分流量称为泄漏流量。泄漏流量与转速、扬程及泵的结构有关。一般来说，转速越高，扬程越大，齿轮和泵壳之间的间隙越大，泄漏量越大，齿轮泵的实际流量应等于理论流量减去泄漏流量。

（三）齿轮泵的零部件质量要求

1. 壳体的质量要求

(1) 壳体两端面粗糙度为 Ra3.2μm。

(2) 两轴孔中心线平行度以及对两端垂直度公差不低于 IT6 级。

（3）壳体内孔圆柱度公差值为 0.2mm/1000mm ～ 0.3mm/1000mm。

（4）孔径尺寸公差以及两中心距偏差不低于 IT7 级。

2. 端盖的质量要求

（1）端盖加工表面粗糙度为 Ra3.2μm，两轴孔表面粗糙度为 Ra1.6μm。

（2）端盖两轴孔中心线平行度公差为 0.1mm/1000mm，两轴孔中心偏差为 ±0.04mm。

（3）端盖两轴孔中心线与加工端面垂直度公差为 0.3mm/1000mm。

3. 轴向密封的质量要求

（1）填料压盖与填料箱的直径间隙一般为 0.1 ～ 0.3mm。

（2）填料压盖与轴套的直径间隙为 0.75 ～ 1.0mm，轴向间隙均匀性相差不大于 0.1mm。

（3）填料尺寸正确，切口平行、整齐、无松动，接口与中心线成 45°夹角。

（4）压装填料时，填料的接头必须错开，一般接口交错 90°，填料不易压装过紧。

（5）安装机械密封应符合技术要求。

4. 油泵齿轮的质量要求

（1）齿轮啮合顶间隙为（0.2 ～ 0.3）m（m 为模数）。

（2）齿轮啮合侧向间隙应符合表 5-1 的规定。

表 5-1 齿轮啮合侧向间隙标准

中心距，mm	≤ 50	51 ～ 80	81 ～ 120	121 ～ 200
啮合侧向间隙，mm	0.085	0.105	0.13	0.17

（3）齿轮两端面与轴孔中心线或齿轮轴齿轮两端面与中心线的垂直度公差为 0.2mm/1000mm。

（4）两齿轮宽度一致，单个齿轮宽度误差不得超过 0.5mm/1000mm，两齿轮轴线平行度为 0.2mm/1000mm。

（5）齿轮啮合接触斑点均匀，其接触面积沿齿长不小于 70%，沿齿高不小于 50%。

（6）轮与轴的配合为 H7/m6。

（7）齿轮端面与端盖的轴向总间隙一般为 0.10 ～ 0.15mm。

（8）齿顶与壳体的径向间隙为 0.15 ～ 0.25mm，但必须大于轴颈在轴瓦的径向间隙。

5. 传动齿轮的质量要求

(1) 侧间隙为 0.35mm。

(2) 顶间隙为 1.35mm。

(3) 齿轮跳动不大于 0.02mm。

(4) 齿轮端面全跳动不大于 0.05mm。

操 作 篇

第六章　离心泵的操作与维护

一、离心泵的启停

(一) 风险辨识

(1) 电器部分漏电，可能会发生触电事故。

(2) 密封部件泄漏，可能会发生油气中毒事故。

(3) 工具使用不当，可能会发生机械伤人事故。

(4) 泵运转过程中可能会发生转动部位绞伤人事故。

(二) 准备工作

(1) 200mm 活动扳手 1 把，250mm 活动扳手 1 把，F 形扳手 1 把，250mm 平口螺丝刀 1 把，塞尺 1 把，200mm 钢板尺 1 把，验电笔 1 支，绝缘手套 1 副，测温枪 1 把，黄油适量，棉纱少许，放空桶 1 个，"运行""停运"警示牌各 1 个。

(2) 穿戴好劳保用品。

(三) 标准操作规程

(1) 启泵前检查。

①检查三相电压（图 6-1）。

图 6-1　三相电压示意图

②检查压力表是否齐全准确，压力表引压阀是否开启。

③检查机泵及进出口管路各部位螺钉、螺栓是否松动（图 6-2）。

图 6-2　紧固地脚螺栓

④检查电气设备和接地线是否完好（图 6-3）。

图 6-3　检查接地线

⑤检查进出口阀、排污阀和放空阀是否关闭。

（2）盘泵试运转。

①顺着泵的旋转方向盘泵 3～5 圈，检查泵转动是否灵活、无刮卡（图 6-4）。检查联轴器是否同心，端面间隙是否合适。

图 6-4　盘泵示意图

②打开泵进口阀，向过滤器和泵内灌满液体，同时打开泵出口放空阀，排净过滤器及泵内气体后关闭放空阀。

（3）启泵、调整。

按启动按钮（图 6-5），泵压上升稳定后，缓慢打开泵的出口阀，一般打开时间不能超过 30s。根据生产需要，调节好泵压、流量及密封填料漏失量。

图 6-5　按启动按钮

（4）启泵后检查。

①检查泵体静密封点不渗不漏（图 6-6）。

图 6-6　泵体静密封点

②检查泵的进出口压力是否在规定范围内，压力是否平稳。

③检查轴端密封填料漏失量是否达标。

④检查电动机工作电流是否在额定电流内。

⑤检查机泵轴承不超温，电动机不超温。

⑥检查泵机组振动正常，运行良好后，挂"运行"警示牌。

（5）停泵。

①关小泵出口阀，当流量下降接近最低值时，按停止按钮，然后关闭出口阀和进口阀。

②打开放空阀，放净泵和过滤器内的液体（图 6-7）。

③顺着泵的旋转方向盘泵 2～3 圈，泵转动灵活。

④切断控制电源，挂上"停运"警示牌。

⑤做好停泵记录，通知相关岗位。

图 6-7　打开放空阀

（6）收拾工具，清理场地。

（四）注意事项

（1）启泵前要检查流程，防止流程倒错，同时放净过滤器及泵内气体，防止泵抽空。

（2）启泵前要调整好密封填料的漏失量，运行后泵密封填料漏失量应控制在 10 ～ 30 滴 /min。

（3）电动机温度不应超过 70℃，轴承温度不应超过 65℃。

（4）运行中压力表指示应在量程的 1/3 ～ 2/3 之间。

（5）启泵前应检查大罐或缓冲罐液位是否合适。

二、更换单级离心泵叶轮

（一）风险辨识

（1）电器部分漏电，可能会发生触电事故。

（2）放空和排污时可能会发生油气中毒事故。

（3）工具使用不当，可能会发生机械伤人事故。

（4）泵运转过程中可能会发生转动部位绞伤人事故。

（二）准备工作

（1）新叶轮 1 个，500mm 撬杠 1 把，铜棒 1 根，250mm 活动扳手 1 把，呆扳手 1 套，梅花扳手 1 套，200mm 拉力器 1 个，U 形垫铁板 1 个，300mm 平口螺丝刀 1 把，手锤 1 把，游标卡尺 1 把，套筒扳手 1 套，300mm 钢板尺 1 把，剪子 1 把，划规 1 个，青壳纸若干，刮刀 1 把，毛刷 1 把，F 形扳手 1 把，细砂纸若干，灰刀 1 把，放空桶 1 个，验电笔 1 支，清洗剂若干，清洗盆 1 个，卡钳 1 套，绝缘手套 1 副，黄油适量，生料带 1 卷，棉纱少许，"检修" 警示牌 1 个。

（2）穿戴好劳保用品。

（三）标准操作规程

（1）倒流程泄压。

①关小泵出口阀，验电，按停止按钮，切断控制电源，挂上"检修"警示牌，然后关闭出口阀。

②关闭进口阀。

③打开放空阀，放净泵和过滤器内的液体。

④盘泵2～3圈，泵转动灵活。

⑤拆卸进口压力表（图6-8）。

图6-8　拆卸进口压力表

（2）拆卸叶轮。

①用梅花扳手对角拆下吸入口短节螺栓，卸下吸入口短节（图6-9），拆卸输出端法兰与泵出口法兰螺栓，拆下泵壳地脚螺栓。

图6-9　拆卸吸入口短节

②用梅花扳手或固定扳手均匀对称拆卸泵壳螺栓，取下泵壳。

③卸下叶轮背帽螺钉，用拉力器拆下叶轮（图6-10），将叶轮平放垫好。

图 6-10　拆卸叶轮

（3）清洗配件，检查配合尺寸。

①除去污垢，清洗泵壳、泵轴。

②检查旧叶轮的损坏情况。

③检查新叶轮口环与泵轴及泵壳吸入口之间间隙配合是否符合要求（图6-11）。

图 6-11　测量新叶轮口环内径

④检查定位键是否方正合适，键槽内有无杂物。

（4）安装叶轮。

①用键把叶轮固定在泵轴上，叶轮中心对准泵体中心，并用键与轴套连接好（图6-12）。

②安上弹簧垫片，用套筒扳手拧紧叶轮背帽，固定好叶轮。

（5）安装泵壳。

①用直尺、划规、剪子、青壳纸制作泵壳与泵端盖密封垫片（图6-13），并双面涂抹黄油。

图 6-12 安装新叶轮

图 6-13 制作密封垫片

②装好密封垫片后，对称均匀上紧泵壳与泵体螺栓。

（6）连接进出口管线。

①对角安装泵壳地脚螺栓，对角上紧泵出口法兰螺栓。

②用梅花扳手对角上紧吸入口短节螺栓（图 6-14）。

图 6-14 安装吸入口短节

③安装压力表。

（7）试泵。

①顺着泵的旋转方向盘泵 2～3 圈，检查转动是否灵活，安装联轴器护罩。

②关闭进口放空阀，打开泵入口阀，向过滤器及泵内灌满液体，同时打开出口放空阀，排净过滤器及泵内气体后关闭出口放空阀。

③合闸通电，按启动按钮，泵压上升稳定时，缓慢打开出口阀，根据生产需要调整好泵压和流量。

（8）收拾工具，清理场地。

（四）注意事项

（1）泵的密封面、精加工面等必须保持光洁，不要碰伤或损伤。

（2）拆开密封连接面时，不得用斜凿揳入，以免损坏密封面。

（3）螺栓要对角上紧。

（4）取键时注意不要损伤键。

（5）叶轮口环与泵壳吸入口间隙应为 0.40～0.45mm，叶轮口环与泵轴配合间隙应为 0.01～0.03mm。

三、更换单级离心泵轴套

（一）风险辨识

（1）电器部分漏电，可能会发生触电事故。

（2）放空和排污时可能会发生油气中毒事故。

（3）工具使用不当，可能会发生机械伤人事故。

（4）泵运转过程中可能会发生转动部位绞伤人事故。

（二）准备工作

（1）轴套 1 个，500mm 撬杠 1 把，铜棒 1 根，200mm 活动扳手 1 把，呆扳手 1 套，梅花扳手 1 套，200mm 拉力器 1 个，U 形垫铁板 1 个，300mm 螺丝刀 1 把，手锤 1 把，游标卡尺 1 把，套筒扳手 1 套，200mm 钢板尺 1 把，划规 1 个，青壳纸若干，剪子 1 把，刮刀 1 个，接油盒 1 个，清洗剂适量，清洗盆 1 个，毛刷 1 个，漏斗 1 个，细砂纸若干，密封填料铁钩 1 把，密封填料若干，黄油适量，棉纱少许，验电笔 1 支，绝缘手套 1 副，钢丝钳 1 把，擦布若干，灰刀 1 把，"检修"警示牌 1 个。

（2）穿戴好劳保用品。

（三）标准操作规程

（1）倒流程泄压。

①关小泵出口阀，验电，按停止按钮，切断控制电源，挂上"检修"警示牌，然后关闭出口阀。

②关闭进口阀。

③打开排污阀，放净泵和过滤器内的液体。

④盘泵 2 ~ 3 圈，泵转动灵活。

（2）拆卸轴套。

①用梅花扳手拆下电动机的地脚螺栓，把电动机移开到能顺利拆泵位置。

②卸下机油丝堵，放掉轴承箱机油（图 6-15），用梅花扳手或固定扳手均匀对称拆卸泵盖螺栓。

图 6-15　放掉轴承箱机油

③拆下泵托架的地脚螺栓及泵休连接螺栓，取下托架，用撬杠均匀对称撬动，取下泵壳。把卸下的轴承体及连带叶轮部分移开放在操作平台上。

④卸下叶轮背帽螺钉，用 U 形垫铁板垫在叶轮背面，用拉力器拆下叶轮（图 6-16），将叶轮竖立平放垫好。

图 6-16　用拉力器拆下叶轮

⑤拆下密封填料压盖和泵体的固定螺栓（图 6-17），取出密封填料，对角拆卸连接体螺栓，用铜棒沿轴向轻敲卸下连接体，取下轴套、键和填料压盖。

图 6-17 拆下密封填料压盖

（3）清洗配件，检查配合尺寸。

①清洗配件，除去铁锈、杂物和毛刺，检查轴套的损坏情况。

②检查定位键是否方正合适，键槽内有无杂物。

③检查轴与轴套间隙配合应为 0.02mm。

（4）安装泵体。

①在泵轴叶轮一端依次套入密封填料压盖、冷却环，上好轴套密封，装上键、轴套，用铜棒安装好连接体。对角上紧连接体螺栓，按加密封填料的技术要求向填料函内加密封填料，上密封填料压盖。

②用直尺、划规、剪子、青壳纸制作泵壳与泵端盖密封垫片。

③用键把叶轮固定在泵轴上，叶轮中心对准泵体中心，并用键与轴套连接（图 6-18）。

图 6-18 安装叶轮

④安装上弹簧垫片，用套筒扳手拧紧叶轮背帽，把叶轮固定好（图 6-19）。

图6-19 安装叶轮背帽

（5）安装泵壳。

①将组装好的部件运到安装现场。

②清理旧密封垫片，将新密封垫片双面涂抹黄油装好后安装泵体，对角均匀上紧泵壳与泵体螺栓，上好泵托架螺栓。

③拧紧机油丝堵，加机油（图6-20）。

图6-20 利用漏斗加机油

（6）找正机泵同心度，安装电动机。

①在泵联轴器端面上放置胶垫，移动电动机对泵与电动机联轴器端面进行校正（图6-21），并紧固电动机地脚螺栓。

②盘泵，检查泵转动是否有杂音、摩擦及偏磨现象（图6-22）。

图 6-21　安装电动机

图 6-22　盘泵检查

（7）启泵。

①打开泵入口阀，向过滤器及泵内灌满液体，同时打开出口放空阀，排净过滤器及泵内气体后关闭出口放空阀。

②合闸通电，按启动按钮，泵压上升稳定时缓慢打开出口阀，根据生产需要调整泵压和流量。

（8）收拾工具，清理场地。

（四）注意事项

（1）泵的密封面、精加工面等必须保持光洁，不要碰伤或损伤。

（2）拆开密封连接面时不得用斜凿揳入，以免损坏密封面。

（3）螺栓要对角均匀拆装。

（4）取键时注意不要损伤键。

（5）轴与轴套间隙配合应为 0.02mm。

（6）轴承箱机油量一般控制在油窗的 1/2 ～ 2/3 之间。

四、更换单级离心泵机械密封

(一) 风险辨识

(1) 电器部分漏电，可能会发生触电事故。

(2) 放空和排污时可能会发生油气中毒事故。

(3) 工具使用不当，可能会发生机械伤人事故。

(4) 泵运转过程中可能会发生转动部位绞伤人事故。

(二) 准备工作

(1) 开口扳手 1 套，梅花扳手 1 套，套筒扳手 1 套，铜棒 1 个，U 形垫铁板 1 个，200mm 螺丝刀 1 把，200mm 拉力器 1 个，拆卸机械密封专用工具 1 套，油盆 1 个，直尺 1 把，划规 1 个，剪刀 1 把，青壳纸若干，润滑油若干，清洗剂若干，棉纱若干，黄油若干，机械密封 1 套，"检修" 警示牌 1 个。

(2) 穿戴好劳保用品。

(三) 标准操作规程

(1) 倒流程泄压。

①关小泵出口阀，当流量下降接近最低值时，按停止按钮，然后关闭出口阀。

②关闭进口阀。

③打开排污阀，放净泵和过滤器内的液体。

④盘泵 2 ～ 3 圈，泵转动灵活。

⑤切断控制电源，挂上 "检修" 警示牌。

(2) 拆卸机械密封。

①用梅花扳手拆下电动机的地脚螺栓，把电动机移开到能顺利拆泵位置（图 6－23）。

图 6－23　移开电动机

②卸下机油丝堵，放掉轴承箱机油，拆下泵托架的地脚螺栓及泵体连接螺栓，

取下托架。

③用梅花扳手或固定扳手均匀对称拆卸泵盖螺帽，用撬杠均匀对称撬动，取下泵壳。把卸下的轴承体及连带叶轮部分移开放在操作平台上。

④卸下叶轮背帽螺钉，用U形垫铁板垫在叶轮背面，用拆力器拆下叶轮，将叶轮竖立平放垫好（图6-24）。

图6-24　取下叶轮

⑤拆下机械密封压盖和泵体的固定螺栓，用铜棒沿轴向轻敲卸下连接体（图6-25），取下轴套、动密封组合和机械密封压盖（图6-26）。

图6-25　卸下连接体

图6-26　取下轴套、动密封组合和机械密封压盖

⑥从压盖上取下旧静密封（图6-27），清洗干净拆卸部位，并涂上润滑油。

图6-27　从压盖上取下旧静密封

（3）安装机械密封。

①选用型号及规格合适的机械密封（图6-28）。

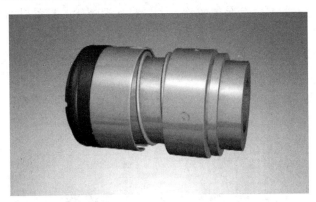

图6-28　选用的机械密封示意图

②检查轴套和轴表面粗糙度，清除锈蚀，使之达到技术要求。

③将安装处的轴套和机械密封清洗干净，涂上润滑油。

④将静环O形环放入压盖，然后小心将静环压入，把动环套入动环配合轴套上，动环弹簧压缩量应为3～5mm。

（4）安装泵体。

①在泵轴叶轮一端依次套入机械密封压盖，上好轴套密封，装上轴套，用铜棒安装连接体，上好机械密封压盖。

②用键把叶轮固定在泵轴上，叶轮中心对准泵体中心，并用键与轴套连接。

③安装弹簧垫片，用套筒扳手拧紧叶轮背帽，把叶轮固定好（图6-29）。

图6-29　紧固叶轮背帽

（5）安装泵壳。

①用直尺、划规、布剪子、青壳纸制作泵壳与泵端盖密封垫，并双面涂抹

黄油。

②装好密封垫后，将组装好的部件运到安装现场。

③对称均匀上紧泵壳与泵体螺栓，上好泵托架螺栓。拧紧机油丝堵，加机油。

（6）找正机泵同心度，安装电动机。

①在泵联轴器端面上放置胶垫，移动电动机对泵与电动机联轴器端面进行校正，并紧固电动机地脚螺栓（图6-30）。

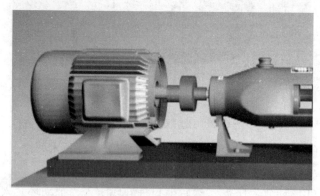

图6-30　安装电动机

②盘泵，检查泵转动是否有杂音、摩擦及偏磨现象。

（7）试泵。

①打开泵入口阀，向过滤器及泵内灌满液体，同时打开放空阀，排净过滤器及泵内气体。

②合闸通电，按启动按钮，泵压上升稳定时缓慢打开出口阀，根据生产需要调整泵压和流量。

（8）收拾工具，清理场地。

（四）注意事项

（1）上紧压盖应在联轴器找正后进行，压紧螺栓应均匀上紧，防止法兰面偏斜。

（2）一定要按规定控制弹簧压缩量，误差为 ±2mm。

（3）动环安装后须保证能在轴上灵活移动。

五、更换单级离心泵机油

（一）风险辨识

（1）加注机油时可能会发生溢流，污染场地。

（2）工具使用不当，可能会发生机械伤人事故。

（二）准备工作

（1）250mm活动扳手1把，300mm平口螺丝刀1把，呆扳手1套，加油漏斗1个，生料带1卷，棉纱少许，机油若干，记录笔纸1套，吸水纸若干，污油盒1个。

（2）穿戴好劳保用品。

（三）标准操作规程

（1）正确选用机油。

根据设备性能、适用环境选用合适的机油。

（2）换前检查。

①检查机油油位是否在规定范围内。

②检查润滑油油质是否合格（图6-31）。

图6-31　检查润滑油油质

③检查油室的密封渗漏情况。

（3）清洗油室。

①打开放油丝堵，放净机油室内的机油。

②用新机油清洗机油室。

（4）换新机油。

把缠好生料带的丝堵安放到油孔处并上紧。利用漏斗把机油加注到机油室。机油室的油位应为看窗的1/2 ～ 2/3之间（图6-32）。

（5）换后检查。

①检查放油丝堵是否渗油。

②检查无问题时，盖上机油室油盖。

（6）收拾工具，清理场地。

（7）按要求填写记录。

图 6-32　看窗油位示意图

（四）注意事项

（1）检查机油油质时，将待测油液滴在吸水纸上观察，待油滴扩散后，按残留在吸水纸上异物的多少可判断油液的优劣。异物多，则油液清洁度低；反之，油液清洁度高。

（2）加注机油时，油位保持在看窗的 1/2 ~ 2/3 之间。

六、单级单吸离心泵的拆卸与组装

（一）风险辨识

（1）工具使用不当，可能会发生机械伤人事故。

（2）泵运转过程中可能会发生转动部位绞伤人事故。

（二）准备工作

（1）500mm 撬杠 1 把，铜棒 1 根，200mm 活动扳手 1 把，呆扳手 1 套，梅花扳手 1 套，200mm 拉力器 1 个，300mm 螺丝刀 1 把，手锤 1 把，游标卡尺 1 把，套筒扳手 1 套，200mm 平锉 1 把，剪子 1 把，200mm 钢板尺 1 把，划规 1 个，刮刀 1 个，清洗剂若干，50mm 毛刷 1 把，棉纱少许，砂纸若干，青壳纸 3 张，石棉板 3 张，密封填料若干，黄油适量，油盆 1 个。

（2）穿戴好劳保用品。

（三）标准操作规程

（1）拆卸泵体。

①拆卸泵壳。用梅花扳手或固定扳手均匀对称拆卸泵盖螺帽，用撬杠均匀对称撬动，取下泵壳。把卸下的轴承体及连带叶轮部分移开放在操作平台上。

②拆卸叶轮。卸下叶轮背帽螺钉，用拉力器拉下叶轮，将叶轮平放垫好。

③拆卸轴套和连接体。拆下密封填料压盖和泵体的固定螺栓，取出密封填料，用铜棒沿轴向轻敲卸下连接体，取下轴套和填料压盖。

④拆卸联轴器和轴承端盖。用拉力器拉下泵联轴器（图 6-33），打开轴承体放油丝堵，放净轴承体内的机油，拆下前后轴承压盖，按次序摆放（图 6-34）。

图 6-33　用拉力器拉下泵联轴器　　　　图 6-34　拆下前后轴承压盖

⑤拆卸轴承体及轴承。用铜棒按轴向敲动泵轴取下轴承体，用拉力器取下轴承（图 6-35、图 6-36）。

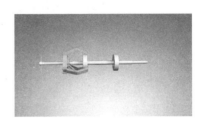

图 6-35　取下轴承体　　　　　　　　图 6-36　取下轴承

（2）清洗检查泵体。

用清洗剂清洗拆下的部件，检查其损坏情况，并按次序摆放。除去配件上的杂物和铁锈，并用细砂纸除去配件上的毛刺。

（3）检查配合尺寸。

叶轮口环与泵壳吸入口配合间隙为 0.40 ～ 0.45mm，轴套与轴配合间隙为0.02mm，轴承与轴承座过盈配合为 0.01 ～ 0.03mm。

（4）制作密封垫片。

按要求用青壳纸制作轴承端盖密封垫片，用石棉板制作泵壳密封垫片。垫片双面涂抹黄油备用。

（5）安装泵体。

①安装轴承及端盖。用套管击打轴承内轨把两轴承安装在泵轴上（图 6-37），用清洗剂清洗轴承体内的机油润滑室看窗，用铜棒轻敲把带轴承的泵轴安装在轴承体上（图 6-38），按要求放上涂好黄油的垫片，对称均匀上好端盖螺钉。

②安装连接体，并安装轴套填料及压盖。在泵轴叶轮一端依次套入密封填料压盖、冷却环，上好轴套密封，装上轴套，用铜棒安好连接体。按加密封填料的技术要求向填料函内加入密封填料，上密封填料压盖（图 6-39）。

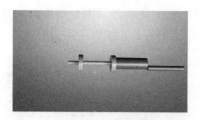
图 6-37　安装轴承

图 6-38　安装泵轴

图 6-39　安装连接体

③安装叶轮及泵盖。用键把叶轮固定在泵轴上，叶轮中心对准泵体中心，并用键与轴套连接。安装上弹簧垫片，用套筒扳手拧紧叶轮背帽，把叶轮固定好。对称均匀紧固泵盖螺栓（图 6-40）。

图 6-40　安装叶轮及背帽

④安装联轴器，盘泵检查。用铜棒和键把泵联轴器固定在泵轴上，盘泵检查应无杂音与摩擦声。

（6）收拾工具，清理场地。

（四）注意事项

（1）泵的密封面、精加工面等必须保持光洁，不要碰伤或损伤。

（2）拆开密封连接面时不得用斜凿揳入，以免损坏密封面。

（3）螺钉要对角均匀拆装。

（4）取键时注意不要损伤键。

七、更换离心泵密封填料

（一）风险辨识

1. 电器部分漏电，可能会发生触电事故。

2. 放空和排污时可能会发生油气中毒事故。

3. 工具使用不当，可能会发生机械伤人事故。

4. 泵运转过程中可能会发生转动部位绞伤人事故。

（二）准备工作

（1）250mm 活动扳手 1 把，梅花扳手 1 套，F 形扳手 1 把，150mm 平口螺丝刀 1 把，剪子 1 把，轴套 1 个，验电笔 1 支，绝缘手套 1 副，毛刷 1 把，放空桶 1 个，清洗盆 1 个，灰刀 1 把，密封填料铁钩 1 把，密封填料若干，黄油适量，棉纱少许，清洗剂若干，"停用"警示牌 1 个，"运行"警示牌 1 个。

（2）穿戴好劳保用品。

（三）标准操作规程

（1）选择填料。

根据实际情况选择合适的密封填料。

（2）倒流程泄压。

①关小泵出口阀，验电，按停止按钮，切断控制电源，挂上"停运"警示牌，然后关闭出口阀。

②关闭进口阀。

③打开排污阀，放净泵和过滤器内的液体。

④盘泵 2～3 圈，泵转动灵活。

（3）拆取旧密封填料。

①拆卸密封填料压盖（图 6-41）。

②边盘泵边用铁钩掏出旧密封填料。

③用棉纱蘸少许清洗剂清洗密封填料函。

（4）量切填料。

①将填料在填料轴套上绕一圈，量其切割周长。

②按测量周长切割密封填料，切口成 30°～45°，切割后没有毛边（图 6-42）。

图 6-41 拆卸密封填料压盖

图 6-42 剪切填料示意图

（5）填装填料。

①填装密封填料时，填料上均匀涂抹黄油，以保证润滑，且不烧填料。

②填料层间错口为 90°、180° 以及 270°，最后一层接口朝下；每一圈填料必须是一个整圆，既不能短缺，也不能重叠。

（6）安装填料压盖。

边盘泵边平行对称拧紧填料压盖螺栓，拧紧后压盖应与泵壳端面平行，并有调整余地（图 6-43）。

（7）试泵。

①顺着泵的旋转方向盘泵 2 ~ 3 圈，检查泵应灵活转动。

②关闭放空阀，打开泵入口阀，向过滤器及泵内灌满液体，同时打开放空阀，排净过滤器及泵内气体后关闭出口放空阀。

③合闸通电，按启动按钮，泵压上升稳定时缓慢打开出口阀，调整泵压和流量。

④根据漏失量调整填料压盖松紧程度，密封填料漏失量控制在 10 ~ 30 滴 /min 之间，以连续滴液最佳。

图 6-43 安装填料压盖

⑤泵运转正常后挂上"运行"警示牌，做好操作记录。

（8）收拾工具，清理场地。

（四）注意事项

（1）旧密封填料要挖净。

（2）切割密封填料时，切口成 30°～45°，切割后不应有毛边。

（3）上填料压盖时，对称均匀上紧填料压盖螺母，使填料均匀压平，同时避免压盖与轴套相互摩擦。

（4）运行时，如果填料处冒烟，可能是填料压得过紧，必须迅速松开压盖螺母。如果填料封不住，可能是填料数量不够或者压紧度不够，应重新调整。

（5）密封填料漏失量控制在 10～30 滴 /min 之间，以连续滴液最佳。

八、离心泵一级保养

（一）风险辨识

（1）电器部分漏电，可能会发生触电事故。

（2）工具使用不当，可能会发生机械伤人事故。

（3）泵运转过程中可能会发生转动部位绞伤人事故。

（二）准备工作

（1）300mm 活动扳手 1 把，450mm 活动扳手 1 把，套筒扳手 1 套，500mm 撬杠 1 根，呆扳手 1 把，机油壶 1 个，压力表 1 块，垫片 1 个，150mm、250mm 平口螺丝刀各 1 把，兆欧表 1 块，剪子 1 把，钢板尺 1 把，塞尺 1 套，毛刷 1 把，填料铁钩 1 个，验电笔 1 支，绝缘手套 1 副，机油、黄油、清洗剂若干，清洗盆 1 个，密封填料若干，O 形密封圈若干，棉纱少许，放空桶 1 个，油盆 1 个，石笔若干，灰刀 1 把，"检修"、"备用"警示牌各 1 个。

（2）穿戴好劳保用品。

（三）标准操作规程

（1）倒流程泄压。

①停泵，挂"检修"警示牌，然后依次关闭出口阀和进口阀。

②打开排污阀，放净泵和过滤器内的液体。

③盘泵2～3圈，泵转动灵活。

（2）检查保养。

①检查各部位螺栓并紧固（图6-44）。

图6-44　紧固电动机地脚螺栓

②检查联轴器减震圈磨损情况及轴向间隙（图6-45）。

图6-45　检查轴向间隙

③检查填料函，更换密封填料。

④清洗润滑室，更换黄油（图6-46）。

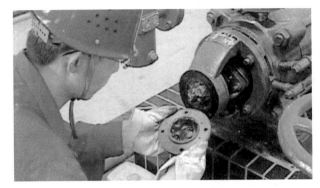

图 6-46　检查、更换黄油

⑤检查过滤器，清洗过滤器、滤网，检查、更换垫片（图 6-47）。

图 6-47　清洗过滤器

⑥检查接线头，测量绝缘电阻（图 6-48）。

图 6-48　测量绝缘电阻

⑦检查压力表。

（3）挂"备用"警示牌。

（4）收拾工具，清理场地。

（5）填写保养记录。

（四）注意事项

（1）开关阀门应侧身操作。

（2）停泵后应挂好"检修"警示牌。

（3）按要求使用工具、用具、量具，及时检查、更换易损部件。

（4）润滑室的油位应在看窗的 1/2～1/3 之间。

九、多级离心泵二级保养

（一）风险辨识

（1）放空和排污时可能会发生油气中毒事故。

（2）工具使用不当，可能会发生机械伤人事故。

（3）泵运转过程中可能会发生转动部位绞伤人事故。

（二）准备工作

（1）500mm 撬杠 1 根，铜棒 1 根，200mm 活动扳手 1 把，450mm 活动扳手 1 把，梅花扳手 1 套，呆扳手 1 套，钢丝钳 1 把，200mm 拉力器 1 套，300mm 螺丝刀 1 把，200mm 平锉 1 把，300mm 钢板尺 1 把，扁铲 1 套，内六方扳手 1 套，铁钩 2 个，塞尺 1 把，铜皮垫片若干，手锤 1 把，450mm 管钳 1 把，游标卡尺 1 把，细砂纸若干，清洗剂若干，清洗盆 1 个，毛刷 1 把，棉纱、擦布若干，O 形密封圈若干，密封填料若干，生料带若干，黄油适量，放空桶 1 个，橡胶手套 1 副，灰刀 1 把，机油壶 1 个，框式水平仪 1 个，"检修""备用"警示牌各 1 个。

（2）穿戴好劳保用品。

（三）标准操作规程

（1）倒流程泄压。

停泵，关闭泵进口阀、出口阀，打开放空阀泄余压，挂"检修"警示牌。

（2）拆卸泵体。

①拆卸高压输出端法兰螺栓（图 6-49）。

②首先拆卸高压端轴承压盖连接螺母，卸下高压端轴承端盖，然后拆卸轴承支架连接螺母，卸下轴承支架（图 6-50）。

③拆卸高压端轴承锁紧螺母，用拉力器取下高压端轴承，取下高压端轴承内盖和轴承盖板（图 6-51）。

图 6-49　拆卸高压输出端法兰螺栓

图 6-50　卸下轴承支架

图 6-51　用拉力器取下高压端轴承

　　④卸掉机械密封压盖螺栓，并沿轴向抽出压盖（图 6-52）。

　　⑤拆下穿杠两端的螺母，抽出泵各段的连接穿杠，拆下平衡管压紧螺母，取下平衡管。

　　⑥卸下内六方螺母，沿轴向取出机械密封（图 6-53）。

图 6-52 卸下机械密封压盖

图 6-53 取出机械密封

⑦沿轴向取出平衡盘及平衡盘键，取下平衡环（图 6-54）。

图 6-54 取下平衡盘

⑧卸掉高压泵头端地脚螺栓，轴向取下高压泵头（图 6-55）。

图 6-55　取下高压泵头

⑨轴向取出次一级叶轮（图 6-56），并用石笔做好标记。取下叶轮定位键，用铜棒和手锤敲出液段的凸缘，使之松脱后卸下。如此依次拆卸各级、各段之间的相互位置要事先打上记号，并依次摆放好。

图 6-56　取出叶轮

（3）清洗配件。

取出泵壳上的导翼，清除流道阻塞物。用清洗剂清洗配件，除去锈垢和杂物，按拆卸顺序摆放，以便检查（图 6-57）。

图 6-57　清洗、检查配件

（4）检查泵件。

①检查轴承有无跑内、外圆，轴承架是否松旷，轴承径向间隙是否合格（图6-58）。

图 6-58　检查轴承及轴承架

②检查填料压盖压入是否均匀，有无裂痕。

③检查轴套磨损情况，有无深沟、裂痕，与键、轴配合是否良好。

④检查平衡盘、平衡环磨损情况，平衡管是否畅通。

⑤检查叶轮口环及叶轮面有无磨损，流道是否畅通，键销口处有无裂痕。

⑥检查配合尺寸，叶轮口环与泵壳密封环间隙应为 0.40～0.45mm，轴承与轴及轴承座过盈量应为 0.01～0.03mm（图6-59）。

图 6-59　检查叶轮口环尺寸

（5）安装泵体。

①安装第一级叶轮。

将键装入键槽内，装上轴套。装入第一级叶轮，定好叶轮中心（图6-60），并将中段结合面的密封垫双面涂抹黄油后放好，然后装上第一级中段。按照上述操作方法安装第二级叶轮。

图 6-60　安装第一级叶轮

②装上高压泵头端，将穿杠螺栓对称上紧，并测量中段结合面缝隙大小。为防止偏斜，穿杠基本拧紧后，用框式水平仪测量泵的前后段平行度，紧固高压泵头地脚螺栓（图 6-61）。

图 6-61　用框式水平仪测量泵的前后段平行度

③先安装好平衡管，然后装上平衡盘键，依次装上平衡环、平衡盘（图 6-62）。

图 6-62　安装平衡盘

④装上机械密封，将密封垫双面涂抹黄油后装好并装上尾盖，紧固压紧螺栓，装好轴间套，安装机械密封压盖（图6-63、图6-64）。

图6-63　安装机械密封

图6-64　安装机械密封压盖

⑤安装轴承体。

装上轴承后盖板，再装上高压端轴承（图6-65），上紧轴承锁紧螺母。

图6-65　安装高压端轴承

⑥装上轴承托架，轴承部分涂黄油后装上轴承压盖，上紧固定螺栓（图6-66）。

图6-66　安装轴承压盖

⑦对角安装泵输出端法兰螺栓。

（6）盘泵检查。

盘泵检查应无杂音、无卡阻，轻松转动 3 ～ 5 圈。摘"检修"警示牌，挂
"备用"警示牌。

（7）收拾工具，清理场地。

（8）填写保养记录。

（四）注意事项

（1）平衡盘和平衡环凹凸不平时，必须修刮、研磨，直到整个盘面全接触为止。

（2）泵体口环和叶轮的配合间隙应满足规定的技术要求。

（3）转子各部件的径向和轴向跳动量应满足规定的技术要求。

（4）联轴器如有变形、伤痕等缺陷，应补焊或更换。

（5）取键时注意不要损坏键。

十、多级离心泵日常保养

（一）风险辨识

（1）工具使用不当，可能会发生机械伤人事故。

（2）泵运转过程中可能会发生转动部位绞伤人事故。

（二）准备工作

（1）300mm 活动扳手 1 把，梅花扳手 1 套，黄油枪 1 把，测温枪 1 把，黄油
适量，棉纱少许。

（2）穿戴好劳保用品。

（三）标准操作规程

（1）检查、调节密封填料的松紧程度。

填料函外体温度不应超过 70℃，轴端密封填料漏失量应控制为 7 ～ 10 滴
（油）/min，并以连续滴液为最佳（图 6-67）。

图 6-67　检查填料函外体温度

（2）检查轴承体。

①滚动轴承的温度不得超过70℃。

②检查并加注黄油，保证机泵不缺油干磨。

（3）检查机泵各部件紧固螺栓。

检查机泵地脚螺栓和机泵各部件紧固螺栓，保证无松动现象（图6-68）。

图6-68　检查电动机地脚螺栓紧固情况

（4）检查和调节机泵在规定的技术参数（铭牌）下运行。

①做好泵机组的清洁卫生工作。

②检查机组运转情况，应无异常声响和明显升温。

（5）收拾工具，清理场地。

（四）注意事项

例行保养时，机泵的运转周期为8h，由值班工人负责保养。

十一、更换多级离心泵机械密封

（一）风险辨识

（1）放空和排污时可能会发生油气中毒事故。

（2）工具使用不当，可能会发生机械伤人事故。

（3）泵运转过程中可能会发生转动部位绞伤人事故。

（二）准备工作

（1）500mm撬杠1根，铜棒1根，200mm活动扳手1把，450mm活动扳手1把，梅花扳手1套，呆扳手1套，钢丝钳1把，200mm拉力器1套，300mm螺丝刀1把，200mm平锉1把，300mm钢板尺1把，细砂纸若干，扁铲1套，游标卡尺1把，手锤1把，清洗盆1个，清洗剂若干，毛刷1把，棉纱、擦布若干，轴套O形密封圈若干，新机械密封1套，内六方扳手1套，铁钩1个，塞尺1把，铜皮垫片若干，生料带若干，管钳1把，黄油适量，放空桶1个，橡胶手套

102

1 副，灰刀 1 把，机油壶 1 个，"检修"、"备用"警示牌各 1 个。

（2）穿戴好劳保用品。

（三）标准操作规程

（1）倒流程泄压。

停泵，挂"检修"警示牌。关闭泵的进口、阀出口阀，打开放空阀泄余压，打开过滤器排污阀以放净过滤器内的介质。

（2）拆卸机械密封。

①首先拆卸高压端轴承压盖连接螺母，卸下高压端轴承端盖。然后拆卸轴承支架连接螺母，卸下轴承支架。

②拆卸高压端轴承锁紧螺母，用拉力器取下高压端轴承，取下高压端轴承内盖和轴间套。

③对角卸掉机械密封压盖螺栓，并沿轴向抽出压盖。

④取出动环和机械密封轴套。

⑤用专用工具拆卸静环和动环（图 6-69）。

图 6-69　拆卸静环

⑥检查轴套和轴表面粗糙度，清除锈蚀，使之达到技术要求。清洗检查拆下的零部件，检查配合尺寸。

（3）安装机械密封。

①选用型号及规格合适、质量合格的机械密封（图 6-70）。

②将要安装的轴套和机械密封清洗干净，涂上机油。

③把动环套入动环配合轴套上，动环弹簧压缩量应为 3 ～ 5mm（图 6-71）。拧紧紧固螺栓，将静环 O 形密封环放入压盖，小心压入静环。

图 6-70　检查新机械密封

图 6-71　检查动环弹簧

④按照拆卸相反顺序依次安装泵体各部件。

（4）盘泵检查。

盘泵检查应无杂音、无卡阻，轻松转动 3 ~ 5 圈，摘"检修"警示牌，挂"备用"警示牌。

（5）收拾工具，清理场地。

（四）注意事项

（1）上紧压盖应在联轴器找正后进行。压紧螺栓应均匀上紧，防止法兰面偏斜。

（2）弹簧压缩量一定要按规定执行，误差应为 ±2mm。

（3）动环安装后须保证能在轴上灵活移动。

十二、更换多级离心泵平衡盘

（一）风险辨识

（1）电器部分漏电，可能会发生触电事故。

（2）放空和排污时可能会发生油气中毒事故。

（3）工具使用不当，可能会发生机械伤人事故。

（二）准备工作

（1）200mm 活动扳手 1 把，梅花扳手 1 套，呆扳手 1 套，300mm 平口螺丝刀 1 把，300mm 钢板尺 1 把，内六方扳手 1 套，500mm 撬杠 1 根，铜棒 1 根，轴套密封 O 形密封圈若干，密封填料若干，百分表及表架 1 套，扁铲 1 套，手锤 1 个，铁钩 1 个，拉力器 1 个，600mm 管钳 1 把，套筒扳手 1 把，剪子 1 把，石棉板若干，青壳纸若干，放空桶 1 个，验电笔 1 支，细砂纸若干，清洗剂若干，清洗盆 1 个，毛刷 1 个，灰刀 1 把，黄油适量，棉纱少许，绝缘手套 1 副，记录笔纸 1 套，"检修"、"运行"警示牌各 1 个。

（2）穿戴好劳保用品。

（三）标准操作规程

（1）倒流程泄压。

①关小泵出口阀，验电，按停止按钮，切断控制电源，挂上"检修"警示牌，关闭泵出口阀。

②关闭泵进口阀。

③打开排污阀，放净泵和过滤器内的液体。

④盘泵 2 ～ 3 圈，泵转动灵活。

（2）拆卸轴承架及填料函。

①对角拆卸高压端轴承压盖连接螺母，卸下高压端轴承压盖。对角拆卸轴承支架连接螺母，卸下轴承支架。

②拆卸高压端轴承锁紧螺母，用拉力器取下高压端轴承（图 6-72）；取下高压端轴承内盖和轴承胶皮挡套，拆下轴间套。

图 6-72 用拉力器取下高压端轴承

③卸掉填料压盖螺栓，并沿轴向抽出压盖。

④卸松平衡管压紧螺母，取下平衡管。

⑤取出填料，拆下尾盖与出液段之间的连接螺母，卸下尾盖。卸下填料轴套和填料轴套密封。

（3）拆卸平衡盘。

依次取出轴套、平衡盘及平衡环。清洗、检查平衡盘与平衡环的摩擦面。

（4）检查窜量。

①架设百分表。检查百分表，保证百分表动作灵活，无卡滞现象。正确安装百分表，调整下压量，百分表指针调"0"。

②用平口螺丝刀把联轴器撬动到前止点，记录百分表读数（图6-73）。

图6-73　将联轴器撬动到前止点

③推动泵轴使联轴器缓慢到达后止点，记录百分表读数，两次读数相减就是总窜量。

④旋转泵轴180°，再测量一次总窜量。

（5）安装。

按照装配顺序进行装配。安装完新的平衡盘后，再检测轴窜量，平衡盘窜量应等于总窜量的1/2减去0.5mm。

（6）启泵。

①打开泵入口阀，向过滤器及泵内灌满液体，同时打开放空阀，排净过滤器及泵内气体后关闭出口放空阀。

②合闸通电，按启动按钮，泵压上升稳定缓慢打开出口阀，根据生产需要调整泵压和流量。

③摘"检修"警示牌，挂"运行"警示牌。

（7）收拾工具，清理场地。

（四）注意事项

（1）平衡盘窜量应为总窜量的1/2减去0.5mm，这样可以保证叶轮和导叶的流道正好对正。

（2）用铜棒敲打轴端面时，不要敲击轴端面倒角部位，以免产生硬伤而不能顺利拆装转子部件。

十三、多级离心泵的拆卸与组装

（一）风险辨识

（1）放空和排污时可能会发生油气中毒事故。

（2）工具使用不当，可能会发生机械伤人事故。

（3）泵运转过程中可能会发生转动部位绞伤人事故。

（二）准备工作

（1）500mm撬杠1根，铜棒1根，200mm活动扳手1把，梅花扳手1套，呆扳手1套，框式水平仪1个，钢丝钳1把，200mm拉力器1套，清洗盆1个，300mm螺丝刀1把，200mm平锉1把，300mm钢板尺1把，细砂纸若干，手锤1把，清洗剂若干，毛刷1把，棉纱、擦布若干，轴套密封O形密封圈若干，密封填料若干，密封胶2盒，剪子1把，石棉板若干，青壳纸若干。

（2）穿戴好劳保用品。

（三）标准操作规程

（1）倒流程泄压。

停泵，关闭泵进口阀、出口阀，打开放空阀泄余压，打开过滤器排污阀以放净过滤器内的介质（图6-74）。

图6-74　多级离心泵流程示意图

（2）拆卸泵体。

①拆卸高压输出端法兰螺栓。

②拆卸高压端轴承压盖连接螺母，卸下高压端轴承端盖；拆卸轴承支架连接螺母，卸下轴承支架（图6-75）。

图 6-75　卸下轴承支架

　　③拆卸高压端轴承锁紧螺母，用拉力器取下高压端轴承（图 6-76）；取下高压端轴承内盖和轴承胶皮挡套，拆下轴间套和轴承盖板。

图 6-76　卸下高压端轴承

　　④卸掉密封填料压盖螺栓，并沿轴向抽出压盖（图 6-77）。

图 6-77　卸下密封填料压盖

　　⑤拆下穿杠两端的螺母，抽出泵各段的连接穿杠（图 6-78），拆下平衡管两

端法兰固定螺钉，取下平衡管。

图 6-78 卸下连接穿杠

⑥沿轴向取出填料函，并取出填料和填料轴套密封、填料轴套。

⑦沿轴向取出平衡盘及平衡盘键（图 6-79）。

图 6-79 取出平衡盘及平衡盘键

⑧卸掉高压端泵头端地脚螺栓，轴向取出高压端泵头（图 6-80）。

图 6-80 取出高压端泵头

⑨轴向取出次一级叶轮（图6-81），并用石笔做好标记。用铜棒和手锤敲出液段的凸缘，使之松脱后卸下（图6-82）为了防止在拆卸出液段过程中中段震动下落，应预先在其下方垫上木块）。如此依次拆卸各级，各段之间的相互位置要事先打上记号，并依次摆放。

图6-81　取出次一级叶轮　　　　　　　图6-82　卸下出液段

⑩拆卸进液端轴承体。首先拆卸进液端轴承压盖连接螺母，卸下进液端轴承压盖。然后拆卸进液端轴承支架连接螺母，卸下进液端轴承支架（图6-83）。

图6-83　卸下进液端轴承支架

⑪拆卸密封填料压盖。拆卸锁紧螺母，用拉力器取下进液端轴承（图6-84），卸下进液端轴承内盖和轴承挡套，拆下填料压盖连接螺母，并沿轴向抽出压盖，取出填料和填料轴套。

⑫拆卸泵轴。将轴承体和泵轴一并抽出。

（3）清洗配件。

用清洗剂清洗配件，除去铁锈和杂物，按拆卸顺序摆放，以便检查（图6-85）。

图 6-84　取下进液端轴承

图 6-85　配件示意图

（4）检查泵件。

①检查联轴器外圆有无变形、缺损，端面是否平整，胶圈孔有无撞痕（图 6-86）。

图 6-86　联轴器示意图

②检查弹性胶圈是否变形、硬化，有无裂痕。

③检查轴承有无跑内、外圆，沙架是否松旷，轴承径向间隙是否合格（图6-87）。

图6-87　轴承示意图

④检查填料压盖压入是否均匀，有无裂痕。
⑤检查轴套磨损情况，有无深沟、裂痕，与键、轴配合是否良好。
⑥检查平衡盘、平衡环磨损情况（图6-88），平衡管是否畅通。

图6-88　平衡盘示意图

⑦检查叶轮静平衡，出入口有无磨损，流道是否畅通，键销口处有无裂痕（图6-89）。

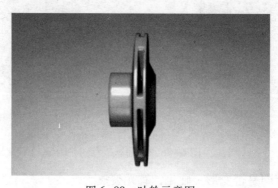

图6-89　叶轮示意图

⑧检查泵轴弯曲度是否合格，有无磨损和裂痕（图6-90）。

图6-90　泵轴示意图

⑨检查配合尺寸，叶轮口环与密封环间隙应为0.40～0.45mm，轴承与轴及轴承座过盈量应为0.01～0.03mm（图6-91）。

图6-91　叶轮口环与密封环配合示意图

（5）安装泵体。

①安装首级叶轮。先将泵轴装入进液段内，再装入首级叶轮，定好叶轮中心，并将中段结合面的石棉垫或胶圈双面涂抹密封胶后放好，最后装上第一级中段（图6-92）。

图6-92　安装第一级中段

②依次组装各级中段和出液段。按照上述操作方法把第二级叶轮、中段装上，直到装上出液段。组装过程中，为了防止中段脱落，应在其下方垫上木块，应按原来记号顺序进行装配（图6-93）。

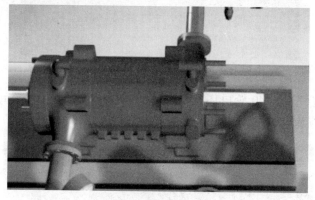

图6-93　安装出液段

③上紧穿杠。将穿杠螺栓对称上紧，并测量中段结合面缝隙大小。为防止偏斜，穿杠基本拧紧后，用框式水平仪测量泵前后段的平行度。

④测量转子的总窜量和平衡盘窜量。测量并调整转子的轴向总窜量。装上平衡盘，并测量和调整转子的平衡盘窜量，使泵的平衡盘窜量等于总窜量的1/2减去0.5mm。连接平衡循环管。

⑤安装轴承体。装上前、后轴承和轴承托架（图6-94）。

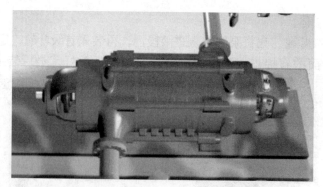

图6-94　安装前、后轴承和轴承托架

⑥加密封填料。加上密封填料，调整填料盖的松紧度。

（5）盘泵检查。

盘泵检查应无杂音、无卡阻。

（6）收拾工具，清理场地。

（四）注意事项

(1) 叶轮静平衡的允差应满足规定的技术要求。

(2) 若泵轴弯曲度大于标准值，则要进行校直。

(3) 平衡盘和平衡环凹凸不平时，必须修刮、研磨，直到整个盘面全接触为止。

(4) 泵体口环和叶轮的配合间隙应满足规定的技术要求。

(5) 转子各部件的径向和轴向跳动量应满足规定的技术要求。

(6) 联轴器如有变形、伤痕等缺陷，应补焊或更换。

(7) 取键时注意不要损坏键。

十四、测量与调整多级离心泵平衡窜量

（一）风险辨识

(1) 工具使用不当，可能会发生机械伤人事故。

(2) 泵运转过程中可能会发生转动部位绞伤人事故。

（二）准备工作

(1) 0～10mm 百分表及表架 1 套，300mm 活动扳手 1 把，梅花扳手 1 套，呆扳手 1 套，150mm 螺丝刀 1 把，内六方扳手 1 套，铜棒 1 根，手锤 1 把，工艺轴套 1 个，600mm 管钳 1 把，钢板尺 1 把，铜皮若干，划规 1 个，剪子 1 把，游标卡尺 1 个，灰刀 1 把，黄油适量，密封填料若干，填料铁钩 2 个，塞尺 1 把，扁铲 1 套，毛刷 1 个，拉力器 1 个，清洗剂若干，清洗盆 1 个，记录笔纸 1 套，生料带若干，细砂纸 2 张，棉纱少许。

(2) 穿戴好劳保用品。

（三）标准操作规程

(1) 拆卸平衡装置。

①按顺序拆卸输出端轴承压盖、轴承支架、锁紧螺母，用拉力器拉下轴承、轴承压盖、轴承挡套。

②拆卸密封填料压盖，取出填料；卸松平衡管压紧螺母，取下平衡管；卸下尾盖，取出密封填料轴套密封胶圈、密封填料轴套。

③拆卸平衡盘、平衡环（图 6-95）。

(2) 清洗检查。

用清洗剂清洗各部件，按顺序排放。检查平衡盘和平衡环的工作面有无划痕、毛刺、裂纹等缺陷。把平衡盘套在轴上与平衡环紧密接触，用塞尺检查间隙是否符合标准（图 6-96）。

图 6-95 拆卸平衡盘

图 6-96 检查平衡盘间隙

（3）测量转子总窜量。

①依次装上平衡环、工艺轴套、平衡盘、密封填料轴套和锁紧螺母（图6-97）。

图 6-97 测量转子总窜量安装顺序示意图

②用铜棒把转子推到后止点。

③架设百分表。检查百分表，保证百分表动作灵活，无卡滞现象。擦拭平衡盘端面，把百分表架设到平衡盘前端，使百分表测头与平衡盘端面垂直接触并下压 2mm，转动表圈使百分表指针指到"0"位置。

④用平口螺丝刀把转子缓慢撬动到前止点，记录百分表读数，该读数就是总窜量。

⑤旋转泵轴 180º，再测量一次总窜量。

（4）测量平衡盘窜量。

①拆卸测量总窜量时装上的锁紧螺母、密封填料轴套、平衡盘和工艺轴套，按顺序摆放在青壳纸上。

②依次安装平衡盘、工艺轴套、密封填料轴套和锁紧螺母（图 6-98）。

图 6-98　测量平衡盘窜量安装顺序示意图

③用铜棒把转子推到后止点（平衡盘和平衡环接触）。

④架设百分表。检查百分表，保证百分表动作灵活，无卡滞现象。擦拭平衡盘端面，把百分表架设到平衡盘前端，使百分表测头与平衡盘端面垂直接触并下压 2mm，转动表圈使百分表指针指到"0"位置。

⑤用平口螺丝刀把转子缓慢撬动到前止点，记录百分表读数，该读数就是平衡盘窜量。

⑥旋转泵轴 180º，再测量一次平衡盘窜量。泵的平衡盘窜量应为总窜量的 1/2 减去 0.5mm。

（5）调整平衡盘和平衡环的轴向间隙。

①若平衡盘窜量小于总窜量的 1/2 减去 0.5mm，可在平衡盘前轮毂端面加适当厚度的铜皮垫片调整（图 6-99）。

图 6-99 加铜皮垫片调整平衡盘窜量

②若平衡盘窜量大于总窜量的 1/2 减去 0.5mm，可把平衡盘前轮毂端面车削到符合要求，也可以在平衡环后加铜皮垫片调整。

（6）组装。

按拆卸的相反顺序安装泵组。

（7）收拾工具，清理场地。

（四）注意事项

（1）工艺轴套是测量总窜量或平衡盘窜量时，为了测量方便所使用的轴承、平衡盘等替代轴承。

（2）平衡盘窜量应为总窜量的 1/2 减去 0.5mm，可以保证叶轮和导叶的流道正好对正。

（3）用铜棒敲打轴端面时，不要敲击轴端面倒角部位，以免产生硬伤而不能顺利拆装转子部件。

十五、用百分表测量转子径向跳动量

（一）风险辨识

（1）工具使用不当，可能会发生机械伤人事故。

（2）泵运转过程中可能会发生转动部位绞伤人事故。

（二）准备工作

（1）0～10mm 百分表及表架 2 套，V 形铁 1 套，转子总成 1 套，记录笔纸 1 套，石笔 1 支，1000mm×2000mm 工作台 1 个，细砂纸 2 张，油槽 1 个，黄油适量，灰刀 1 把，清洗剂若干，清洗盆 1 个，毛刷 1 把，棉纱少许。

（2）穿戴好劳保用品。

（三）标准操作规程

（1）清洗泵转子部件。

①用砂纸除去泵转子各部件的铁锈。

②清洗泵转子要被测量部位，包括各级叶轮的口环与衬管、平衡盘的工作面与外圆以及挡套和轴颈处。

（2）架好泵转子。

使用两块V形铁将泵转子支撑好，支撑部位的轴径应相等，在V形铁接触面上加少量黄油（图6-100）。

图6-100　架设转子示意图

（3）标记测点。

用石笔在各级叶轮的口环与衬管、平衡盘的工作面与外圆以及挡套、轴套和轴颈处做出测量标记，每个测量处一周均分4个测点直接标记在转子的端面上（图6-101）。

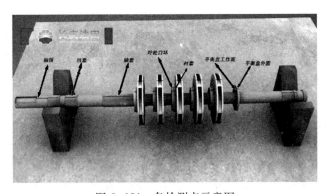

图6-101　各检测点示意图

（4）架设百分表。

检查百分表，保证百分表动作灵活，无卡滞现象。把百分表架设到某一个测点，使百分表测头与测量面垂直接触并下压2mm，转动表圈使百分表指针指到

"0"位置（图6-102）。

图6-102　架设百分表示意图

（5）测量转子各部位的径向跳动量。

缓慢转动转子到每一个测点，观察百分表读数，并做好记录。每次测量时，盘动转子尽应量保持同一旋向。

①叶轮口环与衬管的径向全跳动量要求不大于0.05mm。

②平衡盘外圆的径向全跳动量要求不大于0.03mm。

③平衡盘工作面的径向全跳动量要求不大于0.03mm。

④挡套的径向全跳动量要求不大于0.05mm。

⑤轴套的径向全跳动量要求不大于0.05mm。

⑥联轴器轴颈处的径向全跳动量要求不大于0.02mm。

⑦对转子各测点超过允许全跳动量处做特殊标记，以便进行处理。

（6）调整泵转子跳动量。

①若转子的泵轴跳动量超过允许值，则采用冷校泵轴的方法校直泵轴。在泵轴弯曲处做好标记，用V形铁架好泵轴，使用压力机压弯曲处的最高点，然后检测泵轴校正情况；反复几次，直到泵轴符合标准要求（图6-103）。

②若叶轮、衬套、轴套、平衡盘的跳动值超过允许值，则可以研磨零件的两端面以减小外径的径向跳动量。

③若是由于零件的内孔与外径不同心致使径向跳动量超过允许值，则可以将零件穿上胎具在车床上车削外径，以保证内孔和外径的同心度，并把处理方法记录下来。

（7）给调整后的转子涂上黄油，吊挂放置。

（8）收拾工具，清理场地。

图 6-103　校直泵轴示意图

（四）注意事项

（1）用百分表测量转子径向跳动量时，要求测点在 7 处以上，每处测点为 4 点。

（2）测量前要先检查百分表，保证百分表动作灵活，无卡滞现象。

（3）测量时，百分表的指针从"0"位逆时针旋转时，读数取负值。

十六、校正联轴器同心度

（一）风险辨识

工具使用不当，可能会发生机械伤人事故。

（二）准备工作

（1）0 ~ 10mm 百分表及表架 2 套，150mm 钢板尺 1 把，300mm 钢板尺 1 把，3m 钢卷尺 1 把，塞尺 1 把，500mm 撬杠 1 根，手锤 1 把，250mm 活动扳手 1 把，镜子 1 面，铜棒 1 根，200mm 平口螺丝刀 1 把，0.5mm、1.0mm、1.5mm、2.0mm 铜皮垫片若干，清洗剂若干，清洗盆 1 个，毛刷 1 把，石笔 2 支，记录笔纸 1 套，擦布若干，棉纱少许。

（2）穿戴好劳保用品。

（三）标准操作规程

（1）初步校正。

①用清洗剂和棉纱将联轴器外圆及端面清洗干净。

②用塞尺、平口螺丝刀调整机泵联轴器端面间隙，使两个联轴器的端面间隙达到 4 ~ 6mm。

③使用钢板尺和塞尺初步检查上下、左右联轴器的径向偏差和轴向偏差。卸松电动机地脚螺栓，靠加减垫片调整上下偏差，用铜棒调整左右偏差，初步找好联轴器同心度。

（2）架设百分表。

①首先在联轴器外圆上标记一条基准线，然后把电动机外侧均匀划分为4等份，用石笔顺着泵旋转方向依次标出A、B、C、D四个测量点（图6-104）。

图6-104　标记测量点示意图

②检查百分表，保证百分表灵活好用，指针跳动灵活（图6-105）。

图6-105　检查百分表

③把百分表的磁性底座固定在泵的联轴器上，使一块百分表测头与电动机联轴器外圆垂直接触，用于测量径向偏差；另一块百分表测头与电动机联轴器后端面垂直接触，用于测量轴向偏差，两块表的测头应触在事先标记的基准线上（图6-106）。

④调整百分表测量杆的下压量为2mm，旋转百分表表圈，使指针归零。盘泵一圈，看百分表是否归零；如果不归零，则重新调整表架和百分表，使百分表归零。

图 6-106　架表示意图

（3）测量。

转动联轴器，依次测量 A、B、C、D 四个位置的轴向偏差和径向偏差，记录所测数值；回到初始点位置时，检查两块百分表是否归零。

计算数据：

径向

$$\Delta h_1 = (A_{径} + C_{径}) / 2$$

$$\Delta h_2 = (B_{径} + D_{径}) / 2$$

轴向

$$h_{前} = a (A_{轴} + C_{轴}) / d$$

$$h_{后} = b (A_{轴} + C_{轴}) / d$$

其中，A、B、C、D 为各点轴向、径向偏差的绝对值，a 为前地脚螺栓到联轴器端面的水平距离，b 为后地脚螺栓到联轴器端面的水平距离，d 为联轴器外圆直径。

（4）调整。

①调整左右偏差。根据计算结果调整电动机左右偏差 Δh_2。

②调整上下偏差和轴向偏差。根据计算结果增减电动机前、后地脚螺栓垫片，前地脚螺栓厚度为 $h_{前} + \Delta h_1$，后地脚螺栓厚度为 $h_{后} + \Delta h_1$。

（5）紧固电动机地脚螺栓。

（6）重新架表检测轴向偏差和径向偏差，如不符合要求，则要重新调整。

（7）收拾工具，清理场地。

（四）注意事项

（1）调整应以泵作为校正的基准，电动机作为调整对象。

（2）测量前应先检查百分表，保证百分表灵活好用，指针跳动灵活。

（3）公式计算要准确。

十七、检测调整叶轮与密封环的间隙

（一）风险辨识

工具使用不当，可能会发生机械伤人事故。

（二）准备工作

（1）叶轮 1 个，与叶轮配套的叶轮密封环 1 个，与叶轮配套的泵中段 1 个，外径千分尺 1 把，内径百分表 1 套，游标卡尺 1 把，300mm 三角刮刀 1 把，铜棒 1 根，200mm 平口螺丝刀 1 把，75mm 螺丝刀 1 套，石笔 2 支，清洗剂若干，清洗盆 1 个，毛刷 1 把，橡胶手套 1 副，细砂纸 2 张，灰刀 1 把，棉纱少许，毛刷 1 把。

（2）穿戴好劳保用品。

（三）标准操作规程

（1）检查、清洗。

①检查、调整外径千分尺和内径百分表（图 6-107、图 6-108）。

图 6-107　检查外径千分尺　　　　图 6-108　检查内径百分表

②先用砂纸打磨叶轮、密封环、中段安装密封环处的毛刺，然后清理擦洗干净。

（2）测量尺寸。

①用石笔在叶轮颈部、中段密封环处做两个间隔 90° 的测量点标记（图 6-109）。

②用游标卡尺、外径千分尺测量叶轮颈部直径，大、小颈部都要测量完一点错开 90° 再测一点。

③用游标卡尺、内径百分表和外径千分尺测量密封环的大、小直径。

（3）计算间隙。

根据测量结果，计算出叶轮与密封环的配合间隙；若间隙不合适，则重选密封环或叶轮。

图 6-109 检测点标记示意图

（4）组装与调整。

①用铜棒将密封环敲入中段，上紧固定螺钉。

②装配结束后，还要用内径百分表复测密封环内径尺寸；如果配合间隙略小，则可以用刮刀刮研密封环内径，达到配合间隙合理（图 6-110）。

图 6-110 复测密封环内径

（5）收拾工具，清理场地。

（四）注意事项

使用刮刀刮研密封环时，要严格按照刮刀的操作规程操作，以防刮伤人。

十八、更换离心泵联轴器胶垫（减振圈）

（一）风险辨识

（1）电器部分漏电，可能会发生触电事故。

（2）工具使用不当，可能会发生机械伤人事故。

（二）准备工作

（1）0.3mm、0.5mm、1mm 铜皮垫片若干，梅花胶垫 1 个，黄油适量，塞尺 1 把，梅花扳手 1 套，呆扳手 1 套，200mm 钢板尺 1 把，900mm 撬杠 2 根，铜棒 1 根，记录笔纸 1 套，平口螺丝刀 1 把，石笔若干，棉纱少许。

（2）穿戴好劳保用品。

（三）标准操作规程

（1）更换前检查。

①用平口螺丝刀把泵联轴器轻轻撬动到前止点，然后用塞尺检测机泵联轴器间隙并做好记录。

②用塞尺和钢板尺检测机泵联轴器同心度并做好记录（图 6-111）。

图 6-111 直尺法检测联轴器同心度

③盘泵检查胶垫磨损情况。

（2）拆卸电动机。

①用梅花扳手拆卸电动机地脚螺栓。

②拆掉电动机接地线，做好标记。

③用撬杠撬电动机底座取出垫片，并做好位置标记。

④用撬杠挪开电动机到合适更换胶垫的角度。

（3）更换胶垫。

①取出旧的联轴器胶垫，并检查联轴器爪的磨损情况。

②把新胶垫安装在联轴器上（图 6-112）。

（4）安装电动机，联轴器找正。

①用撬杠挪动电动机，带上电动机地脚螺栓。

②依照垫片的位置标记加垫片，找正泵与电动机的同心度。

③调整泵与电动机的联轴器间隙。

④对称紧固电动机地脚螺栓。

⑤接好电动机接地线。

图 6-112 安装新胶垫

（5）盘泵检查。

徒手盘泵 3 ~ 5 圈，应灵活、无卡阻。

（6）收拾工具，清理场地。

（四）注意事项

（1）检查发现联轴器爪磨损严重或损坏时，应及时更换。

（2）挪动电动机角度不要过大，以免影响安装。

（3）联轴器间隙和同心度应满足技术要求。

（4）对称紧固电动机地脚螺栓。

十九、叶轮静平衡检测

（一）风险辨识

（1）工具使用不当，可能会发生机械伤人事故

（2）钻床使用不当，可能会发生机械伤人事故。

（二）准备工作

（1）天平 1 台，砝码 1 套，500mm 水平仪 1 个，ϕ45mm×350mm 配合短轴 1 根，胶泥若干，叶轮 1 个，清洗剂若干，静平衡找正架 1 套，Z512 钻床 1 台，2000mm×1000mm 水平工作台 1 个，石笔 2 支，棉纱少许。

（2）穿戴好劳保用品。

（三）标准操作规程

（1）擦拭并架好静平衡找正架，用水平仪检测、调整静平衡找正架的水平度达到合格（图 6-113）。

图 6-113　静平衡找正架示意图

（2）擦拭、调整天平和砝码。

（3）用清洗剂清洗叶轮及配合轴，将叶轮装在配合轴上，放置于静平衡找正架（图 6-114）。

图 6-114　叶轮放置示意图

（4）转动叶轮，当叶轮自然停止后，在叶轮最上面位置做好标记。再次转动叶轮，当叶轮停止后，标记还处于最上面位置时，在该点粘贴适量胶泥（图 6-115）。

图 6-115　粘贴胶泥位置示意图

（5）重新转动叶轮，在叶轮最上面位置再增减胶泥，直至叶轮转动到任意位置都可以停止（图 6-116）。

图 6-116　叶轮静止位置示意图

（6）在与胶泥相对 180º 的叶轮处做好记号，把叶轮上的胶泥取下在天平上进行测量，胶泥的质量就是叶轮的偏差值（图 6-117）。

图 6-117　标记位置示意图

（7）用钻床钻削叶轮做记号处的偏重金属，收集钻削下的金属，在天平上称得其质量和胶泥质量相等时，停止钻削（图 6-118）。

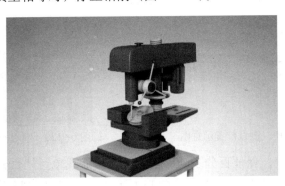

图 6-118　钻床钻削叶轮示意图

(8) 复测叶轮静平衡，当叶轮在静平衡找正架上转动到任意位置都可以停止时，即为合格。

(9) 收拾工具，清理场地。

（四）注意事项

(1) 装有叶轮的配合轴要轻放在静平衡找正架上。

(2) 配合轴外圆柱表面应无磕碰和划痕。

(3) 钻削的金属厚度不应大于叶轮壁厚的1/3。

二十、轴的弯曲度检测和压力校直

（一）风险辨识

工具使用不当，可能会发生机械伤人事故。

（二）准备工作

(1) V形铁2块，百分表及表架1套，加力杠1根，手摇螺旋压力机1台，半圆形校直块1块，弯曲轴1根，1500mm×1000mm水平工作台1个，清洗剂若干，黄油若干，石笔2支，记录笔纸1套，细砂纸3张，棉纱少许。

(2) 穿戴好劳保用品。

（三）标准操作规程

(1) 清洗泵轴。

用砂纸除去泵轴上的铁锈，用清洗剂清除泵轴上的杂物，检查泵轴外表面光滑、无损坏。

(2) 检测泵轴弯曲度。

①在水平工作台上放好两块V形铁，支撑部位的轴径应相等。将泵轴水平放置在V形铁上，给轴与V形铁接触面上涂抹少量黄油。

②用百分表测量泵轴径向跳动，要求测点在8处以上，每处测点一周均分4个点（A、B、C、D），直接标记在轴的端面上（图6-119、图6-120）。

图6-119　测点位置示意图

图6-120　轴端面示意图

③检查百分表，保证百分表动作灵活，无卡滞现象。把百分表架设到某一个测点，使百分表测头与泵轴垂直接触并下压2mm，转动表圈使百分表指针指到

"0"位置（图6-121）。

图6-121　架设百分表示意图

④缓慢转动泵轴，观察表针跳动情况，并把每处百分表的跳动量填入表6-1中。在每处测量时，盘动泵轴保持同一个旋向（图6-122）。

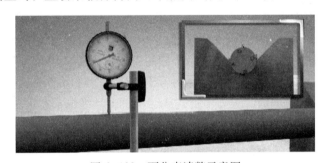

图6-122　百分表读数示意图

表6-1　泵轴弯曲度检测数据

测点	1	2	3	4	5	6	7	8
A								
B								
C								
D								
A+C								
B+D								

⑤泵轴8处测点中，弯曲度（上下A+C，前后B+D）超过0.06mm且是最大处做特殊标记，以便下一步校正。

（3）校正泵轴。

待校直的泵轴应放在两块V形铁中间，最大弯曲凸面向上安放，半圆形校直块放在最大弯曲凸面上。半圆形校直块的半径应与轴一致，并与螺旋杆的下端压块接触。操作手摇螺旋压力机，加压后停留2min后方可卸载，反复加压，直至轴校直。

（4）卸轴进行复测。

卸掉手摇螺旋压力机的载荷，复测泵轴的弯曲度，以达到校正规定值为止。

（5）校正完毕后，重新清洗泵轴，轴表面涂上黄油，竖直放好。

（6）收拾工具，清理场地。

（四）注意事项

（1）操作手摇螺旋压力机时要缓慢施压，不要用力过大。

（2）测量前要先检查百分表，保证百分表动作灵活，无卡滞现象。

二十一、清洗检查过滤器

（一）风险辨识

（1）放空和排污时可能会发生油气中毒事故。

（2）污油溢流，可能会引发火灾事故。

（3）工具使用不当，可能会发生机械伤人事故。

（二）准备工作

（1）300mm 活动扳手 1 把，梅花扳手 1 套，F 形扳手 1 把，钢丝刷子 1 个，500mm 撬杠 1 根，刮刀 1 把，生料带 1 卷，石棉板 2 张，300mm 钢板尺 1 把，剪子 1 把，划规 1 个，验电笔 1 支，滤网若干，棉纱少许，清洗剂若干，清洗盆 1 个，毛刷 1 把，黄油适量，灰刀 1 把，放空桶 1 个，绝缘手套 1 副，"检修"、"备用"警示牌各 1 个。

（2）穿戴好劳保用品。

（三）标准操作规程

（1）倒流程泄压。

断电，摘下"设备运行"警示牌，挂上"检修"警示牌；关闭泵进口阀、出口阀，打开放空阀泄余压。

（2）拆卸盲板。

①对称拆卸盲板连接螺栓，取下盲板（图 6-123）。

②用刮刀和钢丝刷清理旧的法兰垫片，用刮刀尖清理水线（图 6-124）。

（3）制作垫片。

①用钢板尺测量盲板密封面的内径、外径，用划规在石棉板上画出密封面的内圆、外圆，用剪子剪出带有手柄的密封垫片。

②密封垫片两侧均匀涂抹黄油。

（4）清洗更换过滤网。

①用清洗剂清洗滤网。如果滤网有破损，则更换同目数的新滤网。

②打开过滤器丝堵，清理过滤器底部的杂质，分析杂质来源（图 6-125）

图 6-123 拆卸盲板

图 6-124 清理水线

图 6-125 清洗过滤器底部

（5）安装过滤器。

①上紧过滤器丝堵，按正确方向安装过滤网（图6-126）。

图6-126　安装过滤网

②把密封垫片置于过滤器密封面上。

③盖好过滤器盲板，对称紧固盲板连接螺栓。

（6）投运试压。

①关闭进口放空阀，打开泵进口阀，同时打开出口放空阀，排气后关闭出口放空阀。

②盘泵，检查过滤器盲板密封处不渗不漏。

③关闭进口阀，挂"备用"警示牌。

（7）收拾工具，清理场地。

（四）注意事项

（1）拆卸过滤器盲板后，应使盲板的密封面朝上放置，防止碰伤密封面。

（2）F形扳手应反打。

二十二、用功率法测算离心泵效率

（一）风险辨识

（1）电器部分漏电，可能会发生触电事故。

（2）接触泵运转部件以及工具使用不当，可能会引起机械伤害。

（3）管路或容器压力过高时可能会发生爆炸。

（二）准备工作

（1）150mm标准压力表1块，150mm标准真空表1块，测温枪1把，250mm活动扳手1把，呆扳手1套，250mm平口螺丝刀1把，秒表1块，验电笔1支，绝缘手套1副，生料带1卷，棉纱少许，记录笔纸1套，计算器1个。

（2）穿戴好劳保用品。

（三）标准操作规程

（1）检查测量仪表。依据测量要求选择合适量程、精度等级的标准压力表、真空表和测温枪。

（2）将泵进口、出口压力表更换成相应量程的标准压力表。

（3）泵正常运行 15min，待温度、压力、流量等参数稳定后，录取泵进口压力（$p_{进}$）、出口压力（$p_{出}$）、进口温度（$T_{进}$）、出口温度（$T_{出}$）等参数。

（4）调整泵运行状态。用泵的出口阀调整泵运行状态，使泵的工况达到铭牌规定的额定扬程。待机泵运行平稳后，检测泵的性能参数。

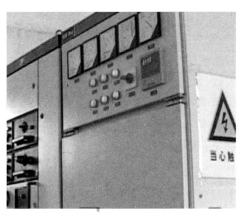

图 6-127　从配电柜录取电压

①电压：直接从配电柜的电压表（图 6-127）录取电压值并做好记录。

②电流：直接从配电柜的电流表录取电流值并做好记录。

③测量泵出口压力（$p_{出}$）、泵进口压力（$p_{进}$），并做好记录。

④用秒表观测泵的流量（图 6-128），计 1min 的排量，并做好记录。

图 6-128　测泵流量

135

(5) 根据测量数据并查看相应数据，用下列公式计算泵效率：

$$N_{有} = \frac{\Delta p Q}{1000} \tag{6-1}$$

$$N_{轴} = \frac{\sqrt{3} U I \cos\phi \eta_{电机}}{1000} \tag{6-2}$$

$$\eta_{泵} = \frac{N_{有}}{N_{轴}} \times 100\% \tag{6-3}$$

$$\Delta p = p_{出} - p_{进} \tag{6-4}$$

式中　Δp——泵进出口压差，MPa；

Q——泵的流量，m³/s；

U——机泵运行时测定的电压，V；

I——机泵运行时测定的电流，A；

$\cos\phi$——功率因数（给定或由厂家提供的 $N_{轴}$-$\cos\phi$ 曲线查出）；

$\eta_{电动机}$——电动机效率（给定或查电动机效率表）；

$N_{有}$——泵的有效功率，kW；

$N_{轴}$——泵的轴功率，kW；

$\eta_{泵}$——泵的效率，%。

(6) 清理现场，收拾工具。

(四) 注意事项

(1) 当泵的进出口法兰高度相等时，泵的有效功率可用公式 $N_{有} = \frac{\Delta p Q}{1000}$ 计算。

当泵的进出口法兰高度不相等时，按以下步骤计算泵的有效功率：

泵的扬程

$$H = \frac{p_{出} - p_{进}}{\rho g} + Z_{进出口} \tag{6-5}$$

泵的有效功率

$$N_{有} = \frac{Q \rho H g}{1000} \tag{6-6}$$

式中　ρ——被输送液体的密度，kg/m³；

g——重力加速度，m/s²，取 9.8m/s²；

$Z_{进出口}$——泵进口中心到出口中心的垂直距离，m；

H——泵的扬程，m。

(2) 测试压力时，要求标准压力表和标准真空表的精度不低于 0.2 级。

（3）条件允许时，对电压和电流也可分别使用万用表和钳形电流表测量。测量时应戴绝缘手套，并站在绝缘垫上；读数时要注意安全，切勿触及其他带电部分。

二十三、用温差法测算离心泵效率

（一）风险辨识

（1）电器部分漏电，可能会发生触电事故。

（2）泵运转部件可能会引起机械伤害。

（3）工具使用不当，可能会引起机械伤害。

（二）准备工作

（1）150mm 标准压力表 1 块，150mm 标准真空表 1 块，测温枪 1 个，250mm 活动扳手 1 把，呆扳手 1 把，250mm 平口螺丝刀 1 把，生料带 1 卷，棉纱少许，记录笔纸 1 套，秒表 1 块，钢卷尺 1 个，计算器 1 个。

（2）穿戴好劳保用品。

（三）标准操作规程

（1）检查测量仪表。依据测量要求选择合适量程、精度等级的标准压力表、标准真空表和测温枪。

（2）将泵进口、出口压力表更换成相应量程的标准压力表。

（3）泵正常运行 15min，待温度、压力、流量等参数稳定时，同时录取泵进口压力 $p_进$、出口压力 $p_出$、进口温度 $T_进$、出口温度 $T_出$（图 6-129）等参数。

图 6-129　用测温枪测出口温度

①电压：直接从配电柜的电压表中录取并做好记录。

②电流：直接从配电柜的电流表中录取并做好记录。

③泵运行平稳后，测量泵出口压力（$p_出$）和泵进口压力（$p_进$），并做好记录。

④用秒表观测泵流量，计 1min 的排量，并做好记录。

(4) 根据 $T_进$ 和 $p_出$ 查等熵温差修正表得出等熵温差修正值 ΔT_s。

(5) 用温差法计算泵效率。温差法计算泵效率的公式为：

$$\eta_泵 = \frac{\Delta p}{\Delta p + 4.1868(\Delta T - \Delta T_s)} \times 100\% \tag{6-7}$$

式中　Δp——泵进出口压差，MPa；

　　　ΔT——泵进出口温差，℃；

　　　ΔT_s——等熵温差修正值（查等熵温差修正表得出），℃。

(6) 清理现场，收拾工具。

（四）注意事项

(1) 测量压力时，压力值为更换的标准压力表、真空表量程的 1/3 ~ 2/3，精度不低于 0.2 级。

(2) 压力表控制阀处于全开状态。

二十四、绘制离心泵特性曲线

（一）风险辨识

(1) 电器部分漏电，可能会发生触电事故。

(2) 泵运转部件可能会引起机械伤害。

(3) 工具使用不当，可能会引起机械伤害。

（二）准备工作

(1) 150mm 标准压力表 1 块，150mm 标准真空表 1 块，秒表 1 只，250mm 活动扳手 1 把，呆扳手 1 套，250mm 平口螺丝刀 1 把，钢卷尺 1 把，记录笔纸 1 套，计算器 1 个，铅笔 1 支，三角尺 1 套，橡皮 1 个，米格纸 1 张，验电笔 1 支，绝缘手套 1 副，生料带 1 卷，棉纱少许，"运行"警示牌 1 个。

(2) 穿戴好劳保用品。

（三）标准操作规程

(1) 检查测量仪表。依据测量要求选择合适量程、精度等级的标准压力表、标准真空表和测温枪。

(2) 将泵进口、出口压力表更换为相应量程的标准压力表，用降压法测试 7 个点（或 7 个点以上）的泵性能参数。

①按启泵操作规程启动离心泵并挂"运行"警示牌。

②用泵出口阀调节流量，使流量从 0 开始，分 7 个测试点，直至调到最大。

③对于每一个测试点，待泵运行稳定后，测试电压 U、电流 I、泵进出口压差和流量 Q，将测试结果填入泵性能参数表 6-2 中。

电压 U：直接从配电柜的电压表中录取并做好记录。

电流 I：直接从配电柜的电流表中录取并做好记录。

在泵进口、出口标准压力表上录取泵进口、出口压力，并将压差 Δp 填入泵性能参数表中。

用秒表观测泵流量，计 1min 的排量，换算出泵的流量 Q，并填入泵性能参数表中。

用钢卷尺测量泵进口、出口取压点之间的垂直距离 $Z_{进出口}$，并填入泵性能参数表中。

表 6-2 泵性能参数表

测试点	U V	I A	Δp Pa	Q m³/s	$Z_{进出口}$ m ·	H m	$N_有$ kW	$N_轴$ kW	$\eta_泵$ %
1									
2									
3									
4									
5									
6									
7									

（3）根据测试数据，用公式计算每一个测试点的泵的扬程、有效功率、轴功率和泵效率，并填入泵性能参数表中。

$$H=\frac{\Delta p}{\rho g}+Z_{进出口}（泵进出口管线横截面积相等）\qquad(6-8)$$

$$N_有=\frac{\Delta pQ}{1000}\qquad(6-9)$$

$$N_轴=\frac{\sqrt{3}UI\cos\phi\eta_{电机}}{1000}\qquad(6-10)$$

$$\eta_泵=\frac{N_有}{N_轴}\times100\%\qquad(6-11)$$

$$\Delta p=p_出-p_进\qquad(6-12)$$

式中　Δp——泵进出口压差，MPa；

　　　ρ——被输送液体的密度，kg/m³；

　　　g——重力加速度，m/s²，取 9.8m/s²；

$Z_{进出口}$——泵进口中心到出口处的垂直距离，m；

H——泵的扬程，m；

Q——泵的流量，m³/s；

U——机泵运行时测定的电压，V；

I——机泵运行时测定的电流，A；

$\cos\phi$——功率因数（给定或由厂家提供的 $N_{轴}$－$\cos\phi$ 曲线查出）；

$\eta_{电动机}$——电动机效率（给定或查电动机效率表），%；

$N_{有}$——泵的有效功率，kW；

$N_{轴}$——泵的轴功率，kW；

$\eta_{泵}$——泵效率，%。

（4）将计算出的泵性能参数填入泵性能参数表中。

（5）绘制离心泵特性曲线坐标图。

根据 7 个测试点的流量、扬程、轴功率和效率的变化范围，在绘图曲线板上按比例绘制流量、扬程、轴功率和效率的坐标（图 6-130），数值应填写齐全。

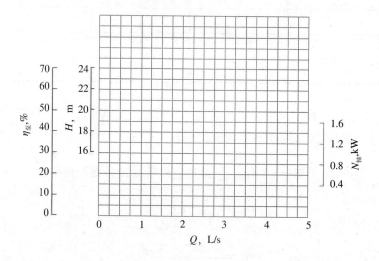

图 6-130　流量、扬程、轴功率和效率的坐标示意图

（6）根据测试值和计算值，绘制离心泵特性曲线。

①绘制 H－Q 特性曲线。

②绘制 $N_{轴}$－Q 特性曲线。

③绘制 $\eta_{泵}$－Q 特性曲线。

以上 3 种特性曲线如图 6-131 所示。

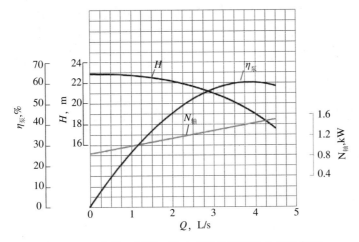

图 6-131 流量、扬程、轴功率和效率特性曲线示意图

（7）收拾工用具，清理现场。

（四）注意事项

（1）离心泵的扬程为：

$$H=\frac{p_出-p_进}{\rho g}+\frac{v_出^2-v_进^2}{2g}+Z_{进出口} \qquad (6-13)$$

①当泵进出口取压点处的横截面积与管线横截面积相等时，离心泵扬程计算公式为：

$$H=\frac{p_出-p_进}{\rho g}+Z_{进出口} \qquad (6-14)$$

②当泵进出口取压点处的横截面积和高度与管线横截面积和高度相等时，离心泵扬程计算公式为：

$$H=\frac{p_出-p_进}{\rho g} \qquad (6-15)$$

式中 $p_进$——泵进口压力，Pa；

$p_出$——泵出口压力，Pa；

ρ——被输送液体的密度，kg/m^3；

g——重力加速度，m/s^2，取 $9.8m/s^2$；

$Z_{进出口}$——泵进口中心到出口处的垂直距离，m；

$v_出$——泵出口取压点处横截面上的平均流速，m/s；

$v_进$——泵进口取压点处横截面上的平均流速，m/s；

H——泵的扬程，m。

（2）标准压力表和标准真空表的精度不低于 0.2 级，控制阀处于全开状态。

（3）条件允许时，电压和电流也可分别使用万用表和钳形电流表测量；测量时应戴绝缘手套，并站在绝缘垫上；读数时要注意安全，切勿触及其他带电部分。

二十五、消防泵启停

（一）风险辨识

（1）电器部分漏电，可能会发生触电事故。

（2）泵运转过程中可能会发生转动部位绞伤人事故。

（二）准备工作

（1）200mm 活动扳手 1 把，250mm 活动扳手 1 把，F 形扳手 1 把，测温枪 1 把，对讲机 1 部，放空桶 1 个，验电笔 1 支，绝缘手套 1 副，棉纱少许，"运行"、"备用"警示牌各 1 个。

（2）穿戴好劳保用品。

（三）标准操作规程

（1）启泵前检查。

①确认地脚螺栓无松动，防护罩完好，盘泵 2～3 圈无卡阻，压力表完好，旋塞阀打开，供电正常。

②检查消防水罐液位，确认消防水罐出口阀门和消防水罐连通阀打开。

③确认泄压阀、泵进口阀打开。

④检查去罐区出口阀关闭。

⑤联系中控室，准备启泵。

（2）启泵。

①停运新鲜水泵，关闭进出口阀；关闭消防泵与新鲜水泵出口连通阀。

②打开消防泵排气阀，排出成线状液体时关闭排气阀。

③按下启动按钮启泵，调节回流阀，控制泵压。

（3）运行中检查。

确认电动机温度低于 65℃，机泵无异响。

（4）停泵。

①打开回流阀，按下停止按钮。

②联系中控室，停消防泵。

③摘"运行"警示牌，挂"备用"警示牌。

④收拾工具，清理场地。

（5）填写工作记录。

（四）注意事项

（1）消防泵运行时，注意保证电流在额定电流范围内。

（2）确认电动机温度低于65℃。

二十六、循环水泵启停

（一）风险辨识

（1）电器部分漏电，可能会发生触电事故。

（2）接触泵运转部件，工具使用不当，可能会引起机械伤害。

（二）准备工作

（1）250mm活动扳手1把，250mm平口螺丝刀1把，F形扳手1把，验电笔1支，绝缘手套1副，测温枪1把，棉纱少许，黄油适量，"运行"、"备用"警示牌各1个。

（2）穿戴好劳保用品。

（三）标准操作规程

图6-132　循环水泵

（1）启动前准备工作。

循环水泵如图6-132所示。

①检查电路系统、接地是否完好。

②确认压力表完好，并打开压力表控制阀门。

③确认连接件无松动。

④确认泵机油无变质，油位在视窗1/2～2/3处。

⑤确认防雨帽完好。

⑥确认泵出口阀及备用泵的出口阀关闭，打开泵进口阀。

⑦打开泵排气阀，灌泵排气，排出线状液体时关闭排气阀（图6-133）。

图 6-133　打开泵排气阀

（2）启泵。

①送电，按启动按钮启泵。

②待泵出口压力稳定后，慢慢打开泵出口阀。

③挂"运行"警示牌。

（3）启泵后检查。

①检查泵前、后轴承和电动机温度，温度应低于65℃。

②检查机油油位在 1/2 ～ 2/3 处。

③确认泵压力、电流指示在规定范围内。

④检查泵无振动过大、泄漏、异常声音等现象。

（4）停泵。

①缓慢关小泵出口阀。

②按停止按钮停泵，切断电源，关闭进口阀、出口阀。

③打开放空阀放空，待压力回零后关放空阀。

④摘"运行"警示牌，挂"备用"警示牌。

⑤收拾工具，清理场地。

（5）填写工作记录。

（四）注意事项

（1）冬季停泵后需打开泵体堵头，放尽泵内液体，以防冻裂泵体。

（2）泵运行期间应定时检查水箱液位，液位下降后应及时补水。

二十七、无密封自吸泵启停

（一）风险辨识

（1）电器部分漏电，可能会发生触电事故。

（2）接触泵运转部件，工具使用不当，可能会引起机械伤害。

（二）准备工作

（1）250mm 活动扳手 1 把，F 形扳手 1 把，验电笔 1 支，绝缘手套 1 副，测温枪 1 把，水桶 1 个，棉纱少许，"运行"、"备用"警示牌各 1 个。

（2）穿戴好劳保用品。

图 6-134　无密封自吸泵

（三）标准操作规程

（1）启动前检查。

无密封自吸泵如图 6-134 所示。

①检查油池液位。

②确认电路系统、接地完好。

③确认连接件无松动。

④确认压力表完好，并打开压力表控制阀门。

⑤加引流水直到溢出，关出口阀（图 6-135）。

图 6-135　加引流水

⑥转动联轴器，检查减振块良好，盘泵 3 ～ 5 圈（图 6-136）。

图 6-136　检查联轴器

（2）启泵。

①送电，按启动按钮启泵。

②观察压力至额定压力。

③缓慢打开泵出口阀。

④摘"备用"警示牌，挂"运行"警示牌。

（3）运行检查。

①检查油池液位变化。

②确认压力表压力值在规定范围内。

③检查确认泵无振动过大、泄漏、异常声音等现象。

④确认电动机及轴承温升在规定范围，且温度不得超过 75℃或超过环境温度 35℃。

（4）停泵。

①关小泵出口阀，按停止按钮，切断电源，关闭泵出口阀。

②放空管线余液。

③摘"运行"警示牌，挂"备用"警示牌。

④收拾工具，清理场地。

（5）填写工作记录。

（四）注意事项

（1）初次启动或检修后启动前必须检查电动机的转动方向，电动机转向与泵的转向牌所指方向必须一致，否则应调整电动机转向。

（2）介质抽送完成后，应立即停泵。

（3）当泵长期停止使用时，应将其拆开，清洗干净，并做好润滑和再次防锈处理，妥善存放。

二十八、液下污油泵启停

（一）风险辨识

（1）电器部分漏电，可能会发生触电事故。

（2）接触泵运转部件，工具使用不当，可能会引起机械伤害。

（二）准备工作

（1）200mm、250mm 活动扳手各 1 把，F 形扳手 1 把，200mm 平口螺丝刀 1 把，验电笔 1 支，绝缘手套 1 副，测温枪 1 把，放空桶 1 个，棉纱少许，黄油适量，"运行"、"备用"警示牌各 1 个。

（2）穿戴好劳保用品。

（三）标准操作规程

图 6-137　液下污油泵

（1）启动前检查。

液下污水泵如图 6-137 所示。

①检查确认连接部件无松动现象。

②检查确认电路系统完好。

③检查确认压力表完好，并打开压力表控制阀门。

④检查确认电动机防雨帽完好。

⑤转动联轴器，检查确认减振块良好。

⑥盘泵 3 ～ 5 圈，泵无卡阻。

⑦确认泵出口阀关闭。

（2）启泵。

①送电，按启动按钮启泵。待泵运转正常后，再缓慢打开出口阀，调节泵压，使泵进入正常运行状态。

②挂"运行"警示牌。

（3）运行检查。

①检查污油箱液位变化（图6-138）。

图6-138 检查污油箱液位

②检测压力值在规定范围内。

③检查确认泵无振动过大、泄漏、异常声音等现象。

④检查确认电动机、轴承温升情况，其温度不得超过75℃或超过环境温度35℃。

（4）停泵。

①按停止按钮停泵。

②关小出口阀，切断电源，关闭泵出口阀。

③摘"运行"警示牌，挂"备用"警示牌。

④收拾工具，清理场地。

（5）填写工作记录。

（四）注意事项

（1）初次启动或检修后启动前必须检查电动机的转动方向，电动机转向与泵的转向牌所指方向必须一致，否则应调整电动机转向。

（2）介质抽送完成后，应立即停泵。

二十九、屏蔽电泵启停

（一）风险辨识

（1）电器部分漏电，可能会发生触电事故。

（2）工具使用不当，可能会引起机械伤害。

（二）准备工作

（1）350mm 防爆管钩 1 把、300mm 防爆活动扳手 1 把、棉纱若干、DN15 塑料软管若干、溶液回收桶 1 个。

（2）穿戴好劳保用品。

（三）标准操作规程

（1）启动前检查。

①检查确认接地牢固、泵体地脚螺栓紧固、回流管连接紧固；检查确认泵体排气阀关闭，TRG 表指针在零位，泵体堵头紧固，供电正常。

②确认流程畅通，各连接部位完好；确认各法兰紧固，压力表落零，且在有效期内。

③联系中控室，准备启泵。

（2）启泵。

①打开泵进口阀门；打开排气阀，见液后关闭。按启动按钮启泵，缓慢打开出口阀，观察泵运行正常。

②检查确认压力正常，TRG 表指针在绿色区域，泵体无异响。

（3）运行检查。

检查泵无异响，电动机温度低于 65℃，回流管温度正常。

（4）停泵。

①关闭泵出口阀，按停止按钮停泵，关闭泵进口阀门。

②收拾工用具，清理场地。

（5）填写工作记录。

（四）注意事项

长时间停运或环境温度低于液体凝固点时，应将泵及辅助管路内的液体排出。

第七章　往复泵的操作与维护

一、注水泵启停

(一) 风险辨识

(1) 电器部分漏电，可能会发生触电事故。

(2) 泵运转过程中可能会引起机械伤害。

(二) 准备工作

(1) 250mm、450mm 活动扳手各 1 把，450mm 管钳 1 把，300mm 平口螺丝刀 1 把，专用调节棒 1 根，验电笔 1 支，绝缘手套 1 副，F 形扳手 1 把，放空桶 1 个，测温枪 1 把，棉纱少许，黄油适量，"运行"、"备用"警示牌各 1 个。

(2) 穿戴好劳保用品。

(三) 标准操作规程

(1) 启泵前检查。

注水泵系统如图 7-1 所示。

图 7-1　注水泵系统

①通知下游各配水间。

②检查确认各部位连接及固定螺栓无松动现象。

③检查确认电路系统及接地良好。

④检查确认蓄能器、安全阀检验情况。

⑤检查确认压力表完好，并打开压力表控制阀。

⑥检查确认动力箱机油的油位（视孔 1/2 ~ 2/3）和油质。

⑦用管钳盘泵，使柱塞往返两次以上无卡阻。

⑧检查调整皮带防护罩安全、牢靠。

⑨检查皮带的松紧度，必要时进行调整。

⑩核实水罐液位，开出口阀。

⑪依次开注水泵进口阀、出口阀、回流控制阀。

⑫开注水泵放空阀放空，空气放尽后，关放空阀。

⑬按照喂水泵操作启动喂水泵。

（2）启泵。

①送电，按启动按钮启泵，使泵空载运转 5 ~ 10min；一人缓慢关小高压回流阀，分水器压力为 4 ~ 5MPa（图 7-2），另一人开配水间干线出口阀。

图 7-2　分水器回流阀位置示意图

②逐渐关闭回流阀，逐步升压，待压力达到注水压力后，泵转入正常负载运行。

③摘"备用"警示牌，挂"运行"警示牌。

（3）启泵后检查。

①观察确认动力端、液力端和传动部位的声响、温度正常。

②检查电流、电压、进出口压力稳定情况。若出现异常情况，应停泵检查，故障排除后再启动运行。

③检查泵出口压力及排量是否符合要求。

④检查密封填料漏失量，根据情况调节密封填料压盖松紧度（图 7-3）。

⑤检查各部位螺栓及法兰螺栓有无松动。

⑥检查确认蓄能器正常，连接处无泄漏。若出现异常，应立即检查或更换。

⑦检查确认安全阀可靠无泄漏。

图 7-3 调节密封填料压盖松紧度

(4) 停泵。

①缓慢打开回流阀，关干线注水阀，使泵空载运行。

②按停止按钮停泵，切断电源。

③按照喂水泵操作停喂水泵。

④关闭泵进口阀、出口阀，关水罐出口阀，关高压回流阀。

⑤打开泵排污阀或进口放空阀放空。

⑥盘泵，并检查皮带松紧。

⑦检查各部件连接有无松动，固定螺栓有无松动，皮带是否完好。

⑧对耐腐部位加工面涂油或防锈剂。

⑨挂"备用"警示牌。

⑩收拾工具，清理场地。

(5) 通知配水间及调度室，填写工作记录。

(四) 注意事项

(1) 新泵或经过大修的泵启用时，必须经过 2h 以上的空载运转，再进行负载运行；按其额定工作压力的四分之一逐次升压，建议每隔 30min 升压一次；如遇到不正常情况，应立即停泵检查。

(2) 曲轴两端轴承温度不应高于 80℃，曲轴箱温度不应高于 75℃，电动机温度不应超过 85℃。

二、注水泵并泵

(一) 风险辨识

(1) 电器部分漏电，可能会发生触电事故。

(2) 工具使用不当，可能会引起物体打击。

（二）准备工作

（1）250mm、450mm活动扳手各1把，450mm管钳1把，300mm平口螺丝刀1把，专用调节棒1根，验电笔1支，绝缘手套1副，F形扳手1把，放空桶1个，测温枪1把，棉纱少许，黄油适量，"运行"警示牌1个。

（2）穿戴好劳保用品。

（三）标准操作规程

注水泵系统如图7-4所示

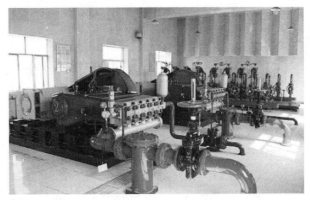

图7-4　注水泵系统

（1）并泵前检查。

①检查各部位连接及固定螺栓有无松动现象。

②检查电路系统及接地是否良好。

③检查蓄能器、安全阀是否完好，查看是否在校验期内。

④检查压力表是否完好，并打开压力表控制阀。

⑤检查曲轴箱油位应在视窗1/2处，油质无乳化变色。

⑥卸皮带防护罩，检查皮带松紧度及四点一线，安装防护罩。

⑦观察填料密封、油封无渗漏，柱塞和卡子不松动。

⑧检查水罐液位，确认流程畅通。

（2）切换流程。

①打开泵进口阀、回流阀并开备用分水器上的进口阀。

②打开回流储罐的进口阀。

（3）启泵。

①排空喂水泵内的空气，启动喂水泵。

②开柱塞泵放空阀，盘泵3～5圈，无卡阻；出液后关放空阀。

③送电，按启动按钮启泵，观察压力，空载运行10min。

(4）并泵。

①缓慢控制备用分水器回流阀，调节压力与主分水器压力相平衡。一人缓慢打开所启泵主分水器进口阀，另一人控制备用分水器进口阀，调整压力。主分水器与备用分水器如图7-5所示。

②关备用分水器，开备用分水器回流（如主分水器压力过高，导致备用分水器进口阀不能关严，则微开主分水器回流阀调节压力，再关备用分水器），打开备用分水器回流阀。

图7-5　主分水器与备用分水器示意图

③检查并记录泵压、分水器压力、电流、电动机温度及排量。

④收拾工具，清理现场。

（5）填写工作记录。

（四）注意事项

（1）正确使用工具、用具，严禁使用超标加力器材。

（2）开关控制阀时，操作人员应站在阀侧面，并应缓慢平稳操作。

三、注水泵减泵

（一）风险辨识

（1）电器部分漏电，可能会发生触电事故。

（2）高压阀损坏，可能会引起机械伤害。

（二）准备工作

（1）验电笔1支，绝缘手套1副，F形扳手1把，放空桶1个，棉纱少许，"运行"、"备用"警示牌各1个。

（2）穿戴好劳保用品。

（三）标准操作规程

（1）减泵前检查。

①检查清水罐液位，确认需要减泵。

②联系调度室，通知下游站。

（2）减泵。

①关备用分水器回流阀，开回流水罐进口阀；开备用分水器进口阀。

②一人缓慢关主分水器阀，另一人同时调整备用分水器回流阀，保持泵压平衡，直至主分水器阀全部关闭，将压力转移至备用分水器。

③全开备用分水器回流阀，使备用分水器压力降至零（图7-6）。

图7-6　备用分水器压力降为零示意图

④停所减泵及所对应的喂水泵。

⑤摘"运行"警示牌，挂"备用"警示牌。

（3）切换流程。

①关所停泵进口阀，关备用分水器上的进口阀和回流阀。

②关回储罐的进口阀。

③收拾工具，清理现场。

（4）填写工作记录。

（四）注意事项

开关控制阀时，操作人员应站在阀侧面，并应缓慢平稳操作。

四、更换注水泵进液阀、排液阀

（一）风险辨识

（1）电器部分漏电，可能会发生触电事故。

（2）泵运转过程中可能会引起机械伤害。

（3）工具使用不当，可能会引起物体打击。

（二）准备工作

（1）进液阀、排液阀易损件各1套，300mm、450mm活动扳手各1把，200mm平口螺丝刀1把，500mm撬杠1根，300mm管钳1把，取阀专用工具1套，专用套筒扳手1套，F形扳手1把，铜棒1根，密封胶圈若干，游标卡尺1把，清洗剂适量，清洗盆1个，毛刷1把，橡胶手套1副，细砂纸2张，生料带若干，黄油适量，灰刀1把，棉纱少许，验电笔1支，绝缘手套1副，"检修"、"备用"警示牌各1个。

（2）穿戴好劳保用品。

（三）标准操作规程

（1）切换流程。

①观察泵的运行情况，并观察压力和流量的变化情况。

②缓慢开回流阀，泄压。

③按停泵操作停泵。

④将柱塞盘到后止点。

⑤挂"检修"警示牌。

（2）检查排液阀、进液阀。

图7-7　卸液力端压紧盖板

①卸掉液力端压紧盖板（图7-7）。

②用专用工具取出堵头（图7-8）、上阀套、密封圈、弹簧、排液阀与排液阀座。

156

图 7-8　用专用工具取出堵头

③盘泵取出下阀套（定位套）、弹簧、进液阀与进液阀座（图 7-9）。

图 7-9　堵头、排液阀、进液阀相对位置示意图

（3）检查。

①擦拭并检查阀座、阀芯、弹簧、阀罩、密封胶圈有无磨损、划痕、裂纹（图 7-10）。

②用游标卡尺测量各零部件配合尺寸（图 7-11）。

（4）安装进液阀、排液阀。

①检查确认进液阀座、密封圈完好并涂抹黄油，装入下阀座的基面上，再依次装进液阀、弹簧、下阀套（定位套）。

②检查确认排液阀座、密封圈完好并涂抹黄油，装入阀套（定位套）的基面上，再装排液阀、弹簧。

③安装上阀套，密封圈涂黄油放入台阶内，装堵头，放上盖板，对角均匀上紧盖板螺栓。

④盘泵，检查柱塞行程有无刮碰。

图 7-10　检查密封圈完好

图 7-11　测量零部件配合尺寸

（5）试泵。

①清理泵体周围障碍物，切换流程，盘泵使柱塞往返两次以上。

②送电启泵，空载试运行。

③检查确认各部位有无振动及异常声响，电压正常，电流在额定值以内。

④空载试运正常后，停机。

⑤摘"检修"警示牌，挂"备用"警示牌。

（6）清理现场，收拾工具。

（7）填写工作记录。

（四）注意事项

（1）开关控制阀时，操作人员应站在阀侧面，并应缓慢平稳操作。

（2）螺栓要对角均匀紧固。

（3）注意不要碰伤或损坏零件和轴承等。

五、更换柱塞泵皮带

（一）风险辨识

（1）电器部分漏电，可能会发生触电事故。

（2）接触泵运转部件可能会引起机械伤害。

（3）工具使用不当，可能会引起物体打击。

（二）准备工作

（1）新皮带1组，250mm、350mm活动扳手各1把，梅花扳手1套，呆扳手1套，F形扳手1把，铜棒1根，500mm、900mm撬杠各1把，250mm平口螺丝刀1把，机油壶1个，钢丝刷1个，线绳5m，棉纱少许，黄油适量，绝缘手套1副，验电笔1支，"检修"警示牌1个。

（2）穿戴好劳保用品。

（三）标准操作规程

（1）切换流程。

①缓慢开回流阀，泄压。

②按注水泵启停操作停泵。

③挂上"检修警示牌"。

④拆卸皮带防护罩。

⑤对滑轨螺栓、顶丝进行除锈、润滑保养（图7-12）。

图7-12　润滑保养电动机顶丝

（2）更换皮带。

①卸松电动机前顶丝，卸松滑轨螺栓（图7-13）；

图 7-13　卸松滑轨螺栓

②用撬杠前移电动机，取下旧皮带（图 7-14）。

图 7-14　用撬杠前移电动机

③检查新皮带。

④装上新皮带（图 7-15），用撬杠后移电动机，紧固顶丝。

图 7-15　装上新皮带

⑤调整皮带松紧度（压下 1 ～ 2 指为宜），如图 7-16 所示，检查四点一线。

图 7-16　调整皮带松紧度

⑥紧固电动机固定螺栓。

（3）装皮带防护罩。

①装皮带防护罩并紧固。

②摘"检修"警示牌。

③清理现场，收拾工具，交付使用。

（4）填写工作记录。

（四）注意事项

（1）皮带轮必须达到"四点一线"（两轮端面 4 个点必须在两轴中心连线上）的要求。

（2）更换皮带时不能戴手套操作。

六、更换柱塞泵密封填料

（一）风险辨识

（1）电器部分漏电，可能会发生触电事故。

（2）接触泵运转部件可能会引起机械伤害。

（3）工具使用不当，可能会引起物体打击。

（二）准备工作

（1）新密封填料若干，300mm、450mm 活动扳手各 1 把，专用扳手 1 套，梅花扳手1套，F形扳手1把，900mm管钳1把，150mm游标卡尺1把，取阀专用工具1套，专用套筒扳手1套，200mm平口螺丝刀1把，500mm撬杠1根，O形密封圈若干，专用调节棒1根，铜棒1根，验电笔1支，绝缘手套1副，黄油适量，灰刀1把，测温枪1把，生料带1卷，棉纱少许，清洗剂若干，清洗盆1个，毛刷1个，擦布若干，"检修"警示牌1个。

（2）穿戴好劳保用品。

（三）标准操作规程

（1）停泵。

按注水泵启停操作停泵。

（2）切换流程。

关进口阀、出口阀，关回流控制阀，开放空阀放空。

（3）取出旧填料。

①卸掉液力端压板。

②依次取出堵头、定向阀、排液阀芯、排液弹簧。

③盘泵取出组合阀芯、进液阀芯（水平阀）、进液弹簧。

④盘泵使连杆与柱塞连接处行至观察箱的中心位置，卸松密封填料压盖。

⑤断开连杆与柱塞，盘泵顶出柱塞。

⑥取下密封填料压盖，取出前导向、旧填料及后导向（图7-17、图7-18）。

图7-17　取出前导向

（4）清洁检查。

①清洁密封函体。

②检查密封填料压盖、进液阀、排液阀以及柱塞磨损腐蚀情况。

图 7-18 导向、旧填料

（5）装入新填料。

①将前导向套装入密封函最前端，再将涂黄油的密封装入密封函内（每个密封填料接口错开60°）；装入后导向套，上紧密封填料压盖。

②装柱塞，连接柱塞与连杆并上紧，适当上紧密封填料压盖，清洁观察箱。

③依次装入进液弹簧、进液阀芯、组合阀芯、排液弹簧、排液阀芯、定向阀、堵头。

④安装液力端压板，对角上紧螺帽。

（6）试泵。

①清除泵四周障碍物，盘泵使柱塞往返两次以上。

②改好流程，放空见液。

③送电，按启动按钮启泵试运行。

④检查各部位无振动及异常声响，电压正常，电流在额定值以内。

⑤试运正常，停机，交付使用。

⑥收拾工具，清理场地。

（7）填写工作记录。

（四）注意事项

开关控制阀时，操作人员应站在阀侧面，并应缓慢平稳操作。

七、更换柱塞泵安全阀

（一）风险辨识

（1）电器部分漏电，可能会发生触电事故。

（2）接触泵运转部件，工具使用不当，可能会引起机械伤害。

（3）高压刺漏，可能会发生伤害事故。

（二）准备工作

（1）校验合格安全阀 1 个，300mm 活动扳手 1 把，F 形扳手 1 把，600mm、900mm 管钳各 1 把，呆扳手 1 套，生料带 1 卷，黄油适量，灰刀 1 把，棉纱少许，验电笔 1 支，绝缘手套 1 副，"检修"警示牌 1 个。

（2）穿戴好劳保用品。

（三）标准操作规程

（1）切换流程。

①缓慢开回流阀，泄压，空载运行 5 ~ 10min 后停泵、断电。

②关喂水泵、柱塞泵进出口阀。

③打开放气阀泄压，观察压力表指针落零（图 7-19）。

图 7-19　放气阀泄压

④挂上"检修"警示牌。

（2）拆卸、安装安全阀。

①断开安全阀与泄压管线。

②缓慢卸下旧安全阀（图 7-20）。

③检查新安全阀。

④安装校验合格的新安全阀。

⑤连接安全阀与泄压管线并上紧（图 7-21）。

图 7-20 用管钳卸下旧安全阀

图 7-21 连接安全阀与泄压管线

（3）恢复流程。

①打开泵进出口阀，确认回流阀全开。

②启动喂水泵，打开柱塞泵放空阀，盘泵直至出口见液后关放空阀。

③送电，启动柱塞泵。

④空载运行 5～10min 后，缓慢关柱塞泵回流阀，至压力达到规定值。

⑤摘"检修"警示牌。

（4）清理现场，收拾工具。

（5）填写工作记录。

（四）注意事项

（1）正确使用工具、用具，严禁使用超标加力器材。

（2）开关控制阀时，操作人员应站在阀侧面，并应缓慢平稳操作。

（3）对紧固件应借助专用工具拆卸，不得任意敲打。

八、柱塞泵"一保"

（一）风险辨识

（1）电器部分漏电，可能会发生触电事故。

（2）接触泵运转部件可能会引起机械伤害。

（3）工具使用不当，可能会引起物体打击。

（二）准备工作

（1）300mm、450mm 活动扳手 1 把，梅花扳手 1 套，250mm 平口螺丝刀 1 把，F 形扳手 1 把，600mm 管钳 1 把，取阀专用工具 1 套，500mm 撬杠 1 根，专用套筒扳手 1 套，铜棒 1 根，密封胶圈若干，游标卡尺 1 把，清洗剂适量，清洗盆 1 个，毛刷 1 把，橡胶手套 1 副，细砂纸 2 张，黄油适量，灰刀 1 把，密封填料若干，棉纱少许，磁铁 1 个，接油盒 1 个，线绳 5m，验电笔 1 支，绝缘手套 1 副，水平仪 1 个，"检修"警示牌 1 个。

（2）穿戴好劳保用品。

图 7-22　检查机油的质量

（三）标准操作规程

（1）按停泵操作规程停泵，挂上"检修"警示牌。

（2）倒好流程，放空泄压，观察进出口压力表指针落零。

（3）检查动力端。

①检查动力端机油液位，油面应在视孔 1/2 ～ 2/3 处。

②卸掉动力端机油室盖板，检查机油的质量；如果油质变黑或呈乳白色，需清洗曲轴箱，更换机油（图 7-22）。

③检查密封函填料压盖外露螺纹的腐蚀情况，若腐蚀严重，则应更换填料压盖。

④检查密封填料漏失情况，严重时应更换新密封填料。

（4）检查液力端。

①卸开泵头盖板，依次取出定位密封堵头、密封圈、隔套、弹簧、阀芯、阀座。盘泵取出中间定位套及下面的弹簧、阀芯、阀座。

②打磨阀芯、阀座，检查弹簧磨损情况。

③依次装入阀座、阀芯、弹簧、转向套、密封圈、堵头，装上压板，上紧螺栓。

（5）检查连接杆与柱塞连接部位。

①检查连接杆与动力端油封磨损情况，若磨损严重，则应更换。检查油封盖板螺栓紧固情况。

②盘泵使封水挡板向动力端位置移动，防松动螺帽到观察箱中间位置。

③清除密封填料箱内的水垢、油污及其他脏物，给密封填料压帽外露螺纹涂抹黄油（图7-23）。

（6）检查其他项。

①保养阀门，检查确认压力表及电接点压力表正常。

②检查电气设备是否完好。

③检查蓄能器压力是否在规定范围内，必要时进行充气或放气；若蓄能器不能保持压力或连接部位出现异常现象，则应更换。

④检查确认安全阀完好并在校验期内，螺栓无渗漏。

图7-23 密封填料压帽外露螺纹涂抹黄油

（7）检查底座连接部位。

①检查泵底座与水泥基础的固定螺栓。

②检查并紧固电动机底座螺栓以及泵与底座的连接螺栓。

（8）检查皮带。

①卸下皮带防护罩。

②检查皮带磨损情况，调整"四点一线"及松紧度。

③装上皮带防护罩。

(9) 启泵。

①清除泵体周围障碍物，切换流程，盘泵使柱塞往返两次以上。取下"检修"警示牌，送电，启泵，试运行。

②检查各部位有无震动及异常声响，电压是否正常，电流是否在额定值以内，密封漏失量是否符合要求。

③收拾工具，清理场地。

(10) 填写工作记录。

(四) 注意事项

(1) 警示牌应挂明显位置，严禁违规盲目操作。

(2) 开关控制阀时，操作人员应站在阀侧面，并应缓慢平稳操作。

(3) 柱塞泵运转 1400h，须停泵进行一保。

九、更换柱塞泵曲轴箱机油

(一) 风险辨识

(1) 废旧机油处理不善，可能会引发环境污染、火灾事故。

(2) 工具使用不当，可能会引起物体打击。

(二) 准备工作

(1) 150mm、350mm 活动扳手各 1 把，呆扳手 1 套，梅花扳手 1 套，300mm 平口螺丝刀 1 把，回收油桶若干，吸水纸若干，新机油适量，磁铁若干，生料带 1 卷，擦布若干，棉纱少许，清洗桶 1 个，放空桶 1 个，毛刷 1 个，"检修"警示牌 1 个。

(2) 穿戴好劳保用品。

(三) 标准操作规程

(1) 更换前检查。

①挂上"检修"警示牌。

②根据设备性能、适用环境选用机油。

③检查机油油质、油位。

④检查确认呼吸阀清洁、完好 (图 7-24)。

⑤卸下动力端机油室上盖板，检查机油室的密封渗漏情况。

(2) 放油清洗。

①卸下油箱放油口丝堵 (图 7-25)，回收旧机油并按要求处理。

②卸下动力端机油室侧盖板 (图 7-26)，取出磁铁去除铁屑，清洗、检查机油室。

168

图 7-24 检查呼吸阀

（3）加新机油。

①用机油冲洗机油室。

②装好放油丝堵，并上紧。

③装上动力端机油室侧盖板，并上紧。

④给机油室加入新机油，至油标 1/2 ～ 2/3 处。

⑤装好呼吸阀。

⑥检查确认丝堵、侧盖板处无渗漏，装好机油室上盖板。

（4）清理现场，收拾工具，摘下"检修"警示牌。

（5）填写工作记录。

图 7-25 卸下油箱放油口丝堵放油

图 7-26　卸动力端机油室侧盖板

（四）注意事项

（1）给机油室加入新机油，油位应至油标 1/2 ～ 2/3 处。

（2）旧机油必须按要求处理，防止引发污染、火灾事故。

十、更换柱塞泵油封

（一）风险辨识

（1）电器部分漏电，可能会发生触电事故。

（2）接触泵运转部件，工具使用不当，可能会引起机械伤害。

（二）准备工作

（1）新油封若干，150mm、450mm 活动扳手各 1 把，呆扳手 1 套，梅花扳手 1 套，300mm 平口螺丝刀 1 把，铜棒 1 根，卸油桶若干，磁铁若干，生料带 1 卷，擦布若干，撬杠 1 根，专用调节棒 1 根，棉纱少许，清洗桶 1 个，放空桶 1 个，毛刷 1 个，黄油适量，灰刀 1 把，验电笔 1 支，绝缘手套 1 副，"检修"警示牌 1 个。

（2）穿戴好劳保用品。

（三）标准操作规程

（1）停泵。

①按照柱塞泵启停规程停泵。

②挂上"检修"警示牌。

（2）拆卸。

①卸下动力端机油室上盖板，检查机油室的密封渗漏情况。

②卸下机油室放油口丝堵，放油，液面下降到油封以下。

③断开柱塞与连杆。

④盘泵使连杆到后止点。

⑤取下挡水圈，卸下机油室油封盖板，取出油封（图7-27、图7-28）。

图7-27　取下挡水圈

（3）检查。

擦净并检查油封盖板，油封涂抹黄油，装入油封盖板（图7-29）。

图7-28　卸机油室油封盖板

（4）更换油封。

①装好油封盖板，并上紧。

②装好挡水圈，给柱塞螺纹涂抹黄油。

③盘泵，连接柱塞与连杆。

④给机油室加注机油，油位至油标1/2～2/3处。

⑤安装呼吸阀。

⑥泵运转正常后检查确认油封处无渗漏，油室液位正常。

图7-29 装入油封盖板

（5）试泵。

①启泵，检查确认各连接部位和油封无渗漏。

②摘下"检修"警示牌。

③收拾工用具，清理场地。

（6）填写工作记录。

（四）注意事项

（1）如发现机油室机油产生乳化，可能是油封已破损，应更换油封。

（2）机油室油位应在油窗 1/2 ～ 2/3 处。

十一、更换柱塞泵柱塞

（一）风险辨识

（1）电器部分漏电，可能会发生触电事故。

（2）接触泵运转部件可能会引起机械伤害。

（3）工具使用不当，可能会引起物体打击。

（二）准备工作

（1）新柱塞1个，300mm、450mm活动扳手各1把，内六方扳手1套，专用扳手1套，梅花扳手1套，F形扳手1把，900mm管钳1把，游标卡尺1把，取阀专用工具1套，专用套筒扳手1套，200mm平口螺丝刀1把，500mm撬杠1根，O形密封圈若干，专用调节棒1根，铜棒1根，验电笔1支，绝缘手套1副，黄油适量，灰刀1把，密封填料若干，测温枪1把，生料带1卷，棉纱少许，清洗剂若干，清洗盆1个，毛刷1个，擦布若干，"检修"警示牌1个。

172

（2）穿戴好劳保用品。

（三）标准操作规程

（1）停泵。

①按照泵启停操作停泵，泄压。

②挂上"检修"警示牌。

（2）取出旧柱塞。

①卸掉液力端压板。

②依次取出堵头、定向阀、排液阀芯、排液弹簧。

③盘泵取出组合阀芯、进液阀芯（水平阀）、进液弹簧。

④盘泵使连杆与柱塞连接处行至观察箱的中心位置，卸松密封填料压盖。

⑤断开连杆与柱塞，盘泵顶出柱塞（图7-30、图7-31）。

（3）检查柱塞。

①检查确认柱塞及阀座、阀芯、弹簧、阀罩、密封胶圈无磨损、划痕与裂纹。

②用游标卡尺测量各零部件尺寸。

图7-30 断开连杆与柱塞

图7-31 盘泵顶出柱塞

（4）安装新柱塞。

①给柱塞连接端涂抹黄油，装入柱塞，连接柱塞与连杆并上紧，上紧密封填料压盖，清洁观察箱。

②依次装入进液弹簧、进液阀芯、组合阀芯、排液弹簧、排液阀芯、定向阀、堵头。

③装好液力端压板，对角上紧螺帽。

（5）试泵。

①按照柱塞泵启停操作规程启泵。

②检查确认各连接部位无渗漏。

③摘下"检修"警示牌。

④收拾工具，清理场地。

（6）填写工作记录。

（四）注意事项

（1）机油室油位应在油窗 1/2 ~ 2/3 处。

（2）密封填料漏失量为每分钟 30 ~ 60 滴。

十二、隔膜泵启停

（一）风险辨识

（1）电器部分漏电，可能会发生触电事故。

（2）室内通风不好，可能会发生中毒事故。

（二）准备工作

（1）250mm 活动扳手 1 把，200mm 平口螺丝刀 1 把，验电笔 1 支，绝缘手套 1 副，棉纱少许，放空桶 1 个，"运行"、"备用"警示牌各 1 个。

（2）穿戴好劳保用品。

（三）标准操作规程

隔膜泵加药系统如图 7-32 所示。

（1）启泵前检查。

①检查所有紧固件是否牢靠。

②检查电路系统及接地是否良好。

③检查各管路有无渗漏现象。

④检查压力表是否齐全完好，并打开压

图 7-32　隔膜泵加药系统

力表控制阀。

⑤检查机箱内的油位和油质。

⑥将泵行程调至最小。

（2）启泵。

①检查罐内液位。

②打开进口阀，观察进口管有无液体通过。

③当进口管充满液体时，打开出口阀。

④按启动按钮启泵；观察出口管线是否有液体通过。

⑤按规定调好行程，并锁紧（图7-33）。

⑥摘下"备用"警示牌，挂上"运行"警示牌。

（3）启泵后检查。

①检查压力表压力值是否符合要求。

②检查泵有无振动过大、泄漏、异常声音等现象。

③检查电动机、机泵各部件温度有无异常。

④检查各管路有无渗漏。

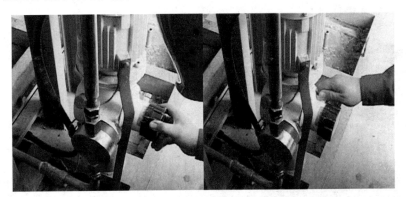

图7-33　调节行程并锁紧

（4）停泵。

①关闭泵进口阀。

②停泵并及时关闭出口阀。

③打开放空阀放空。

④挂"备用"警示牌。

⑤收拾工具，清理场地。

（5）填写工作记录。

（四）注意事项

（1）停泵时间较长时，应用清水清洗泵腔后再停泵。

（2）泵所输送的介质内不能有尺寸大于 0.1mm 的固体颗粒或杂质，否则将直接影响泵的排量精度，应在泵的进口管路上安装过滤器。

（3）如发现机油室内液压油产生乳化，可能是膜片已破损，应更换膜片。

十三、加药泵启停

（一）风险辨识

（1）电器部分漏电，可能会发生触电事故。

（2）药剂中酸、碱、盐、有机物与人体接触，可能会发生灼烫或中毒。

（二）准备工作

（1）250mm 活动扳手 1 把，200mm 平口螺丝刀 1 把，验电笔 1 支，护目镜 1 个，橡皮手套 1 副，棉纱少许，黄油适量，药剂适量，记录笔纸 1 套，放空桶 1 个，"运行"、"备用"警示牌各 1 个。

（2）穿戴好劳保用品。

（三）标准操作规程

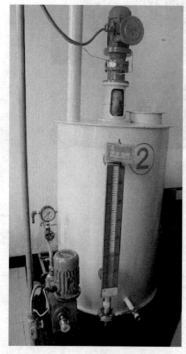
图 7-34　加药泵系统

加药泵操作系统如图 7-34 所示。

（1）启动前检查。

①检查加药罐是否清洁。

②检查电路及接地是否完好。

③检查各紧固部位有无松动。

④检查加药管路是否畅通无渗漏。

⑤检查加药泵油室油位、油质。

⑥检查压力表是否齐全完好，并打开压力表控制阀。

（2）配药。

①根据加药类型和浓度按规定计算加药量，加入药剂和水，必要时进行加热。

②启动搅拌机，把药剂和水搅拌均匀后停搅拌机。

（3）启泵。

①打开加药罐出口阀。

②打开加药泵进口阀、出口阀。

③送电，按启动按钮启泵；检查各连接部件

有无渗漏。

④根据规定调整加药泵排量（图7-35），观察压力和排量上升情况。

图7-35 调整加药泵排量

⑤摘下"备用"警示牌，挂上"运行"警示牌。

（4）启泵后检查。

①检查加药罐液位下降情况。

②检查加药泵运转有无振动异响。

③检查压力值是否符合要求。

④检查泵有无振动过人、泄漏、异常声音等现象。

⑤检查电动机、机泵各部件温度有无异常。

（5）停泵。

①按停止按钮停加药泵，切断电源。

②关闭加药泵进口阀、出口阀。

③放净加药罐剩余稀释药（图7-36），关闭加药罐出口阀。

④摘下"运行"警示牌，挂好"备用"警示牌。

⑤收拾工具，清理场地。

（6）填写工作记录。

（四）注意事项

（1）严禁脏物、杂质落入加药池内。

（2）对于非连续加药，在放净加药罐剩余稀释药后，罐内应重新加入清水，打开泵进口阀、出口阀并启泵，清洗泵及管线内残余药液再停泵。

（3）注意加药泵房内通风。

（4）操作人员必须戴防护用具。

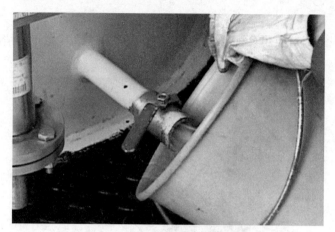
图 7-36　放净加药罐剩余稀释药

第八章　螺杆泵的操作与维护

一、螺杆泵的启停

（一）风险辨识

（1）电器部分漏电，可能会发生触电事故。

（2）接触泵运转部件可能会引起机械伤害。

（3）工具使用不当，可能会引起机械伤害。

（4）处于油气区，应小心油气泄漏，以免引发中毒和火灾。

（二）准备工作

（1）200mm、300mm活动扳手各1把，900mm管钳1把，F形扳手1把，200mm钢板尺1把，验电笔1支，绝缘手套1副，测温枪1把，放空桶1个，棉纱少许，黄油适量，"运行"、"备用"警示牌各1个。

（2）穿戴好劳保用品。

（三）标准操作规程

螺杆泵输油系统如图8-1所示。

图8-1　螺杆泵输油系统

（1）启动前准备。

①检查电路是否完好。

②检查连接部位紧固有无松动。

③检查仪表是否齐全完好，并打开压力表控制阀。

④检查联轴器护罩的紧固情况，并卸下护罩。

⑤检查联轴器同心度和间隙是否符合要求（图8-2）。

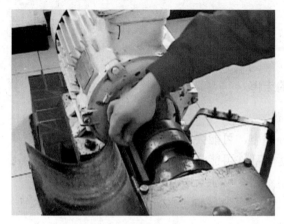

图8-2　检查联轴器同心度

⑥检查确认减速箱油颜色应为澄清、透明，油位在1／3～1／2之间（图8-3）。

图8-3　检查减速箱油位

⑦打开泵进口阀、出口阀，盘泵3～5圈。

（2）启泵。

①按启动按钮启泵。如有异常声音，立即停泵，排除故障后再重新启动。

②摘掉"备用"警示牌，挂上"运行"警示牌。

（3）启泵后检查。

①检查电动机、减速箱、传动轴、泵壳体等各部位的温度是否正常。

②检查输油压力、排量、电流是否在规定范围内。

③间歇输油时应及时检查罐内油位。

④检查轴封密封情况，允许滴状渗漏。

（4）停泵。

①输油完毕后，按停泵按钮停泵。

图8-4　打开放空阀放尽泵内液体

②关闭进口阀、出口阀。打开放空阀放尽泵内液体（图8-4），关闭放空阀。

③摘掉"运行"警示牌，挂上"备用"警示牌。

④收拾工具，清理场地。

（5）填写好运转记录和保养记录。

（四）注意事项

（1）泵运转过程中，若发现进口压力过低，必须停泵检查储罐或缓冲罐液位是否满足要求，输送介质温度是否过低等，查找原因并及时排除。

（2）泵长期停用，应放掉泵内积液，最好抽出转子；使用时必须清洗泵和管道内介质，防止堵塞管道，避免再次启动时过载。

（3）对于高黏度、有结晶、含颗粒或有腐蚀性介质的泵，使用完毕后，应进行清洗，防止杂质沉积或损坏泵。

（4）冬季或高寒地区的泵停下不用时，应打开吸入室底部螺塞放尽积液，防止冻坏泵体。

（5）对于有变频装置的螺杆泵，不能关闭泵进口阀、出口阀。

（6）泄漏不应超过下列指标：

机械密封——重质油不超过5滴/min，轻质油不超过10滴/min。

填料密封——重质油不超过10滴/min，轻质油不超过20滴/min。

二、单螺杆泵保养

（一）风险辨识

（1）接触泵运转部件可能会引起机械伤害。

（2）工具使用不当，可能会引起机械伤害。

（3）处于油气区，小心油气泄漏，以免引起中毒和火灾。

（二）准备工作

（1）300mm 活动扳手 1 把，呆扳手 1 套，梅花扳手 1 套，250mm 平口螺丝刀 1 把，900mm 管钳 1 把，F 形扳手 1 把，撬杠 1 根，钢丝钳 1 把，石笔若干，200mm 钢板尺 1 把，石棉板若干，剪子 1 把，划规 1 个，验电笔 1 支，黄油适量，机油适量，清洗剂适量，清洗盆 1 个，毛刷 1 个，绝缘手套 1 副，棉纱少许，放空桶 1 个，"检修"警示牌 1 个。

（2）穿戴好劳保用品。

（三）标准操作规程

（1）挂上"检修"警示牌。

（2）减速箱润滑（若安装低速电动机或有变频器，则无此项操作）。

①卸掉联轴器防护罩。

②打开减速箱上盖板，盘泵检查齿轮啮合情况（图 8-5）。

图 8-5 检查齿轮

③检查机油油位和油质（图 8-6）。油位应在视窗的 1/2 ~ 2/3 之间；如机油变质，则需清洗减速器并更换机油。

④检查输入轴、输出轴油封无泄漏。

⑤安装减速箱上盖板。

图 8-6 检查机油

（3）检查连接部分。

检查泵底座各连接螺栓、拉紧螺杆、减速器及电动机底座螺栓有无松动。

（4）检查联轴器。

①检查联轴器胶套磨损情况，如磨损严重，则应移动电动机更换胶套。

②检查调整联轴器同心度，上好防护罩。

（5）清洗过滤器。

①确认泵进口阀、出口阀关闭，打开放空阀放空（图 8-7）。

②卸掉过滤器盖板，清除过滤器内部脏物（图 8-8）。

图 8-7 打开放空阀放空

图 8-8 取出过滤网

③放入过滤网，安装盖板。

④关闭泵进口放空阀。

⑤收拾工具，清理场地。

（6）填写工作记录。

（四）注意事项

（1）开关控制阀时，操作人员应站在阀门侧面，并应缓慢平稳操作。

（2）螺杆要对称均匀紧固。

（3）对紧固件应借助专用工具拆卸，不得任意敲打。

（4）两个联轴器的间距应控制为 4 ~ 6mm，径向误差不应超过 0.06 ~ 0.1mm，轴向误差不应超过 0.06 ~ 0.3mm。

三、更换单螺杆泵定子、转子

（一）风险辨识

（1）接触泵运转部件可能会引起机械伤害。

（2）工具使用不当，可能会引起机械伤害。

（3）处于油气区，小心油气泄漏，以免引起中毒和火灾。

（二）准备工作

（1）定子、转子1套，250mm、350mm 活动扳手各1把，梅花扳手1套，呆扳手1套，250mm 平口螺丝刀1把，300mm、900mm、1200mm 管钳各1把，500mm 撬杠1根，铜棒1根，手锤1把，绝缘手套1副，石棉板若干，剪子1把，划规1个，灰刀1把，白纸若干，黄油适量，黄油枪1支，棉纱少许，擦布若干，放空桶1个，油盆1个，机油壶1个，"检修"、"备用"警示牌各1个。

（2）穿戴好劳保用品。

（三）标准操作规程

（1）切换流程。

①挂"检修"警示牌。

②打开泵进口、出口放空阀放空。

（2）拆卸定子、转子。

①卸下泵与出口阀之间的压力表和煨制弯头（图8-9）。

②卸松拉紧螺杆螺母，取出拉紧螺杆（图8-10）。

③卸下泵头支撑座的螺母，取下泵头支撑座。

④用管钳固定联轴器，使泵的定子逆时针旋转退出（图8-11），卸下定子。

⑤卸下进液室堵头（图8-12），放尽液体。

⑥卸下进液室法兰固定螺栓，取下进液室。

⑦卸下十字头与转子连接螺栓（图8-13），取下转子。

图 8-9　卸下煨制弯头的连接螺栓

图 8-10　卸松拉紧螺母

图 8-11　退出泵的定子

图 8-12 卸下进液室堵头

图 8-13 卸下十字头与转子连接螺栓

（3）检查。

①检查定子、转子磨损情况（图 8-14），并给定子内腔涂抹机油。

图 8-14 检查定子磨损情况

②检查确认十字头完好，并加注黄油。

（4）更换定子、转子。

①安装新转子，对角上紧十字头与转子连接螺栓。

②安装进液室。

③用管钳固定联轴器，使定子顺时针旋转，装好定子。

④安装定子支撑座以及支撑底座法兰。

⑤穿入拉紧螺杆，上紧螺母。

⑥检查法兰垫子，清理法兰密封面，连接泵出口法兰螺栓，对角上紧。

⑦加密封垫片装好煨制弯管，对角上紧法兰螺栓。

⑧安装泵出口压力表，装好进液室堵头。

（5）试泵

①关闭进口放空阀，打开泵进口阀、泵出口放空阀，盘泵无卡阻；出口放空阀出液，检查无渗漏；关闭泵出口放空阀。

②关闭泵进口阀，装好防护罩。

③摘下"检修"警示牌，挂上"备用"警示牌；

④收拾工具，清理场地。

（6）填写工作记录。

（四）注意事项

（1）拆装时，注意不要碰伤或损坏零部件和轴承等。

（2）螺杆要对角均匀紧固。

（3）对紧固件应借助专用工具拆卸，不得任意敲打。

四、螺杆泵的拆装

（一）风险辨识

（1）接触泵运转部件可能会引起机械伤害。

（2）工具使用不当，可能会引起机械伤害。

（二）准备工作

（1）250mm活动扳手1把，梅花扳手1套，呆扳手1套，250mm平口螺丝刀1把，12in、36in、48in管钳各1把，铜棒1根，绝缘手套1副，灰刀1把，白纸若干，塞尺1把，钢板尺1把，石棉板若干，剪子1把，划规1个，黄油适量，黄油枪1支，棉纱少许，清洗剂适量，清洗盆1个，毛刷1个，擦布若干，放空桶1个，"检修"警示牌1个。

（2）穿戴好劳保用品。

（三）标准操作规程

（1）拆卸。

①拆卸泵头支撑座：卸下泵与出口阀之间的压力表和煨制弯头（图8-15），卸松拉紧螺母，取出拉紧螺杆。

图8-15　卸掉压力表

②卸下泵头支撑座螺母（图8-16），取下泵头支撑座。

图8-16　卸掉泵头支撑座螺母

③拆卸定子：用管钳固定联轴器，使定子逆时针旋转退出（图8-17）。

④拆卸转子及连接轴：卸下进液室法兰固定螺栓（图8-18）取下进液室；卸下十字头与转子连接螺栓，取下转子。

188

图 8-17　固定联轴器并退出定子

图 8-18　卸下进液室

⑤拆卸传动轴和轴封：卸下轴承压盖，把轴从轴承座内压出，取出轴封。对机械密封装置应十分小心，防止密封环损坏。

（2）清洗螺杆泵零部件，仔细检查各零件（图 8-19、图 8-20），损坏的零部件应更换。

图 8-19　检查转子

图 8-20 十字头加注黄油

(3) 螺杆泵的装配。装配时按拆卸的反向顺序进行。

(四) 注意事项

(1) 对紧固件应借助专用工具拆卸,不得任意敲打。

(2) 传动轴万向接头装配时,应检查密封圈是否损坏,在空腔内应填充黄油。

(3) 安装定子时,用机油涂抹转子、定子内腔表面,这有利于定子安装。

(4) 对于长期不用的螺杆泵,应做防锈处理。

第九章　齿轮泵的操作与维护

一、齿轮泵的拆装与检查

(一) 风险辨识

(1) 接触泵运转部件可能会引起机械伤害。

(2) 工具使用不当，可能会引起机械伤害。

(二) 准备工作

(1) 梅花扳手 1 套，内六方扳手 1 套，250mm 平口螺丝刀 1 把，剪刀 1 把，铜棒 1 根，外径千分尺 1 把，显示剂若干，油盆 1 个，清洗剂适量，清洗盆 1 个，毛刷 1 个，$\phi 0.5$mm 软铅丝若干，黄油适量。

(2) 穿戴好劳保用品。

(三) 标准操作规程

(1) 拆泵。

①卸下密封填料压帽，取出密封填料。

②在端盖与泵体的结合处做上记号，用内六角扳手将输出轴侧的端盖螺栓拧松并取出（图 9-1）。

③用螺丝刀撬松泵体与端盖，注意不要划伤密封面。

图 9-1　做记号卸下端盖螺栓

④拆下端盖板，在主动齿轮、从动齿轮对应位置做好记号，取出主动齿轮、从动齿轮（图 9-2、图 9-3）。

(2) 清洗。用清洗剂将拆下的零部件进行清洗。

（3）检查。

图 9-2　在主动齿轮、从动齿轮对应位置做记号

图 9-3　主动齿轮、从动齿轮

①测量齿轮泵齿与齿之间的啮合间隙。

a. 压铅法。

——截取 3 段软铅丝，每段长度以能围住一个齿面为宜。

——使用机械用凡士林将 3 段软铅丝等距粘在从动齿轮一个轮齿的齿宽方向上。

——装好主动齿轮、从动齿轮（注意啮合软铅丝的齿应处于排出腔）。

——在泵壳外部做好标记，装配好齿轮泵盖和传动装置。

——顺泵的转向转动齿轮泵的主动轴，将啮合软铅丝的齿转到吸入腔。

——拆解齿轮泵，拆卸主动齿轮、从动齿轮，取下软铅片并清洁。

——用外径千分尺测量每道软铅片在轮齿啮合处的厚度，将同一软铅丝片厚

192

度相加，即为齿轮泵齿与齿的啮合间隙。

b. 用塞尺测量。

——装配好主动齿轮、从动齿轮。

——用塞尺测量两啮合齿接触面的间隙（图9-4）。

图9-4　用塞尺测量齿与齿间啮合间隙

——测量点选在齿轮上相隔大约120°的3个位置上。

——求平均值，齿轮啮合间隙应为0.04～0.08mm，最大不超过0.12mm；间隙过大时应成对更换新齿轮。

c. 涂色法。

——在主动齿轮上均匀涂敷显示剂。

——将主动齿轮、从动齿轮装入泵内来回转动3～5圈。

——取下从动齿轮，根据色痕判断啮合情况。

——当色痕高于节线时，说明两齿轮中心距过大；色痕低于节线时，说明两齿轮中心距过小。

——色痕均匀分布在节线上且在两齿之间为正常。

——色痕虽在节线上但偏一边，说明两轴线不在同一平面内。

②测量齿轮泵的轴向间隙（端面间隙）。

用"压铅丝"测量：

——选择合适的软铅丝，其直径一般为被测规定间隙的1.5倍；

——截取两段长度等于节圆直径的软铅丝。

——用机械用凡士林将软铅丝粘于齿轮端面（图9-5），装上泵盖，对称均匀上紧泵盖螺母。

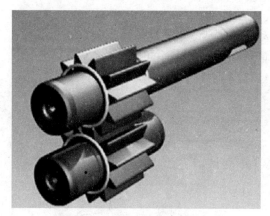

图9-5　齿轮端面粘上软铅丝

——拆卸泵盖，取下软铅片，并清洁。

——在每个圆形软铅片上选取4个测量点，用外千分尺测量软铅片厚度，做好记录。最后，根据8个测量值得出的平均值即为齿轮泵的轴向间隙。

③测量齿轮泵的齿轮与泵壳之间的径向间隙（齿顶间隙）。

用塞尺测量：

图9-6　用塞尺测量齿轮与泵壳之间的径向间隙

将主动齿轮、从动齿轮正确装好，用塞尺测量各齿顶与泵壳之间的间隙（图9-6）。

（4）齿轮泵的安装。

①将啮合良好的主动齿轮、从动齿轮两轴装入左侧（非输出轴侧）端盖的轴承中，按拆卸所做记号对应装入，切不可装反。

②安装右侧端盖，对称拧紧螺栓并边拧边转动主动轴，以保证端面间隙均匀一致。

③装入密封填料，对称均匀紧固密封填料压帽螺栓。

④收拾工具，清理场地。

（5）填写工作记录。

（四）注意事项

（1）拆卸时应注意做好记号。

（2）拆装时要防止碰伤或损坏零件、轴承和密封元件。

（3）齿轮啮合顶间隙为 0.2 ~ 0.3 倍的模数，外壳与齿轮间的径向间隙标准为 0.1 ~ 0.15mm；测量齿轮厚度和泵壳宽度；检查轴向间隙，标准为 0.1 ~ 0.15mm。

二、齿轮泵启停

（一）风险辨识

（1）电器部分漏电，可能会发生触电事故。

（2）接触泵运转部件可能会引起机械伤害。

（3）工具使用不当，可能会引起机械伤害。

（二）准备工作

（1）200mm 活动扳手 1 把，梅花扳手 1 套，F 形扳手 1 把，200mm 平口螺丝刀 1 把，内六方扳手 1 套，验电笔 1 支，绝缘手套 1 副，钢板尺 1 把，塞尺 1 把，黄油适量，棉纱少许，"运行"、"备用"警示牌各 1 个。

（2）穿戴好劳保用品。

（三）标准操作规程

齿轮泵输油系统如图 9-7 所示。

图 9-7　齿轮泵输油系统

（1）启泵前检查。

①检查电路系统及接地是否完好。

②检查各部件紧固螺栓有无松动（图9-8）。

图9-8 检查螺栓紧固情况

③检查压力表是否齐全完好，并打开压力表控制阀。

④打开泵进口阀，检查泵密封情况。

⑤卸下防护罩，检查联轴器的同心度和间隙。

⑥打开放空阀，盘泵3～5圈，盘泵应轻便无卡磨现象，盘至液流流出后关闭放空阀，上好防护罩。

（2）启泵。

①打开泵出口阀。

②接通控制电源，按下启动按钮启泵（图9-9）。

图9-9 按启动按钮启泵

③根据生产需要（燃油泵）调节工作参数。

④摘下"备用"警示牌，挂上"运行"警示牌。

（3）启泵后检查。

①检查泵压、电流在规定范围内。

②检查前后封漏失量是否正常。

③检查泵有无振动过大、泄漏、异常声响等现象。

（4）停泵。

①按停止按钮停泵，切断控制电源。

②关闭泵进口阀、出口阀，打开放空阀放空（图9-10）。

图9-10 打开放空阀放空

③挂上"备用"警示牌。

④收拾工具，清理现场。

（5）填写工作记录。

（四）注意事项

（1）齿轮泵要保证来液畅通，严禁空转。

（2）联轴器的同心度允差为 ±0.1mm。

（3）运转过程中若出现泵不上量，应立即放空。

故　障　篇

第十章　离心泵的故障原因及处理方法

一、离心泵抽空的原因及处理

（一）现象
(1) 泵体振动；
(2) 泵和电动机声音异常；
(3) 压力表无指示；
(4) 电流表归零。

（二）原因
(1) 泵进口管线堵塞；
(2) 流程未倒通，泵入口阀门没开；
(3) 泵叶轮堵塞；
(4) 泵进口密封填料漏气严重；
(5) 油温过低，吸入阻力过大；
(6) 泵入口过滤缸堵塞；
(7) 泵内有气未放净。

（三）处理方法
(1) 清理或用高压泵车顶通泵进口管线；
(2) 启泵前全面检查流程；
(3) 清除泵叶轮入口处堵塞物；
(4) 调整密封填料压盖，使密封填料漏失量控制在规定范围内；填料磨损严重时需更换；
(5) 提高来油温度；
(6) 检查清理泵入口过滤缸；
(7) 在泵出口处放净泵内气体，在过滤缸处放净泵入口处的气体。

二、泵压力打不足的原因及处理

（一）现象
压力表压力达不到规定值，伴有间歇抽空现象。

（二）原因
(1) 电动机转速不够，进液量不足，过滤缸堵塞；

(2) 泵体内各间隙过大；

(3) 压力表指示不准确；

(4) 平衡机构磨损严重；

(5) 液体温度过高产生汽化；

(6) 叶轮流道堵塞。

（三）处理方法

(1) 检查电动机是否单相运行；

(2) 调节储罐的液面高度，清理过滤缸，检查调节泵各部分配合间隙；

(3) 重新检测、校验压力表；

(4) 调节平衡盘的间隙；

(5) 降低输送介质的来液温度；

(6) 检查清理叶轮流道入口，或更换叶轮。

三、泵轴承温度过高的原因及处理

（一）现象

泵的轴承温度过高，声音异常。

（二）原因

(1) 润滑油少或过多；

(2) 润滑油回油槽堵塞；

(3) 轴承跑内圆或外圆；

(4) 轴承间隙过小，严重磨损；

(5) 泵轴弯曲，轴承倾斜；

(6) 润滑油内有机械杂质。

（三）处理方法

(1) 补充加油或利用下排污口把油位调节到 $1/3 \sim 1/2$ 处，拆开轴承端盖清理回油槽；

(2) 泵检查，跑外圆时需更换轴承体或轴承，跑内圆时需更换泵轴或轴承；

(3) 选择合适间隙的轴承；

(4) 校正或更换泵轴；

(5) 更换清洁的润滑油。

四、离心泵密封填料冒烟、漏失的原因及处理

（一）现象

密封填料冒烟，密封填料处漏失量大。

（二）原因

冒烟的原因：

(1) 填料压盖压偏磨轴套；

(2) 泵轴或轴套表面不光滑；

(3) 填料加得过多、压得过紧。

漏失的原因：

(1) 密封填料压盖松动没有压紧；

(2) 密封填料磨损严重；

(3) 密封填料切口在同一方向；

(4) 轴套胶圈与轴密封不严或轴套磨损严重。

（三）处理方法

对冒烟的处理：

(1) 调整密封填料压盖平行度，使之对称不磨轴套；

(2) 用砂纸磨光轴套或更换球墨铸铁镀铬轴套；

(3) 密封填料加入以压盖压入量不小于 5mm 为宜，调整密封填料压盖松紧度。

对漏失的处理：

(1) 适当对称调紧密封填料压盖；

(2) 更换密封填料；

(3) 密封填料切口要错开 90°～180°，更换轴套的 O 形密封胶圈或更换轴套。

五、泵体振动的原因及处理

（一）现象

泵体振动，伴有异常声音。

（二）原因

(1) 对轮胶垫或胶圈损坏；

(2) 电动机与泵轴不同心；

(3) 泵吸液不好抽空；

(4) 基础不牢，地脚螺栓松动；

(5) 泵轴弯曲；

(6) 轴承间隙大或保持架损坏；

(7) 泵转动部分静平衡不好；

(8) 泵体内各部分间隙不合适。

（三）处理方法

(1) 检查更换对轮胶垫或胶圈，紧固销钉；

(2) 对电动机和泵对轮进行找正；

(3) 放净泵内气体，提高储罐液位；

(4) 加固基础，紧固地脚螺栓；

(5) 校正泵轴；

(6) 更换符合要求的轴承；

(7) 拆泵重新校正转动部分（叶轮）的静平衡；

(8) 调整泵内各部件的间隙，使之符合技术要求。

六、离心泵不上液的原因及处理

（一）原因

(1) 吸入管路或泵内有空气；

(2) 进口或出口侧管道阀门关闭；

(3) 泵的吸入管漏气；

(4) 叶轮旋转方向错误；

(5) 泵的扬程低；

(6) 泵的吸上高度太高；

(7) 吸入管路直径过小或有杂物堵塞；

(8) 转速与实际要求转速不符。

（二）处理方法

(1) 灌泵，排除空气；

(2) 打开泵的进出口阀门；

(3) 杜绝进口侧的泄漏；

(4) 调整电动机的转向；

(5) 更换扬程高的泵；

(6) 降低泵的安装高度，增大进口处的压力；

(7) 加大吸入管路直径，消除堵塞物；

(8) 使电动机转速符合要求。

七、离心泵密封填料寿命过短的原因及处理

（一）原因

(1) 轴或轴套表面有损坏或划伤；

(2) 润滑不足或缺乏润滑；

(3) 密封填料安装不当；

(4) 选择的密封填料与泵输送介质不匹配；

(5) 外部冷却液有脉冲压力。

（二）处理方法

(1) 修复泵轴或更换轴套；

(2) 找正水封环位置，保证冷却水畅通；

(3) 按标准安装密封填料；

(4) 选择符合输送介质性能要求的密封填料；

(5) 消除冷却液脉冲现象，保证压力平稳。

八、离心泵轴承寿命过短的原因及处理

（一）原因

(1) 泵轴弯曲造成轴承偏磨；

(2) 润滑不良，选用的润滑脂或润滑剂与要求不符；

(3) 润滑方式选择不当；

(4) 更换的轴承不符合安装技术要求；

(5) 电动机与泵不同心产生振动，造成轴承磨损加剧。

（二）处理方法

(1) 检查修理泵轴；

(2) 选用符合传动要求的润滑脂或润滑剂，保证润滑良好；

(3) 根据机泵结构和性能选择合理的润滑方式；

(4) 严格执行轴承安装技术要求，保证更换质量；

(5) 调整机泵同心度在规定范围内。

九、离心泵叶轮与泵壳寿命过短的原因及处理

（一）原因

(1) 输送的液体与过流零件材料发生化学反应造成腐蚀；

(2) 过流零件所采用的材料不同，产生电化学势差，引起电化学腐蚀；

(3) 输送液体含有固体杂质引起腐蚀；

(4) 因泵偏离设计工况点运转而引起腐蚀；

(5) 热冲击、振动引起过流零件的疲劳；

(6) 汽蚀引起过流零件冲蚀；

(7) 泵的运转温度过高；

(8) 管路载荷对泵壳造成的应力过大。

（二）处理方法

(1) 根据输送介质的性质选择合适的离心泵或采取系统加药处理输送介质；

(2) 对过流零件采用镀膜防腐处理新技术进行处理；

(3) 合理调控介质处理工艺参数，减小介质中固体杂质的含量；

(4) 合理调控离心泵的工况点；

(5) 控制输送介质温度在规定范围内，减小泵机组的振动；

(6) 加强工艺设备的维护管理，防止汽蚀现象的发生；

(7) 合理控制管路系统的流量和压力。

十、启泵后不出水的原因及处理

（一）原因

(1) 进口和出口侧管路上的阀门未打开或阀门闸板脱落；

(2) 进口管路进气或出口管路堵塞；

(3) 出口管路侧的单流阀卡死；

(4) 泵叶轮旋转方向错误；

(5) 泵的吸入高度过高或吸入管径小；

(6) 干线压力高于泵的出口压力。

（二）处理方法

(1) 开启阀门，检修进出口阀门；

(2) 进口管路排气，出口管路清堵；

(3) 检修出口单流阀；

(4) 调整叶轮转动方向；

(5) 降低泵安装高度，加大吸入管径；

(6) 调整管路特性。

十一、离心泵转子不动的原因及处理

（一）原因

(1) 控制电源刀闸未合上或熔断器熔断；

(2) 轴承过热磨损严重；

(3) 异物堵塞叶轮流道，造成叶轮卡死；

(4) 电源电压过低；

(5) 平衡盘严重磨损或破裂；

(6) 泵轴刚性太差，造成泵轴折断。

（二）处理方法

(1) 更换熔断器，合上控制电源刀闸；

(2) 更换轴承；

(3) 清除叶轮内的堵塞物；

(4) 检查线路电压进行倒闸操作，通知电工处理；

(5) 检修平衡盘；

(6) 更换泵轴。

十二、离心泵泵耗功率大的原因及处理

（一）原因

(1) 密封填料压盖太紧，密封填料发热；

(2) 泵轴窜量过大，叶轮与入口密封环发生摩擦；

(3) 泵轴与原动机轴线不一致，轴弯曲；

(4) 零件卡住；

(5) 干线压力高于泵的出口压力；

(6) 轴承损坏或润滑油多、油质不合格。

（二）处理方法

(1) 调节密封填料压盖的松紧度；

(2) 调整轴向窜量；

(3) 校正机泵同轴度；

(4) 检查处理卡住的零件；

(5) 调整管路系统压力；

(6) 更换轴承和润滑油脂。

十三、启泵后达不到额定排量的原因及处理

（一）原因

(1) 叶轮反转；

(2) 叶轮或进口阀被堵塞；

(3) 叶轮腐蚀、磨损严重；

(4) 入口密封环磨损过大；

(5) 储罐液位低，造成吸入口压力低；

(6) 泵体或吸入管路漏气。

（二）处理方法

(1) 调整电动机旋转方向；

(2) 清除叶轮或进口阀处的堵塞物；

(3) 更换或修理叶轮；

(4) 更换入口密封环；

(5) 提高储罐液位；

(6) 排净泵和吸入管路内的气体。

十四、启泵后不上水，压力表无读数，吸入真空压力表有较高负压的原因及处理

（一）原因

(1) 进口处阀门未开或闸板脱落；

(2) 过滤器被脏物堵死；

(3) 进口管路堵塞。

（二）处理方法

(1) 打开或检修进口阀门；

(2) 清洗过滤器；

(3) 检查来液管路，疏通堵塞管段。

十五、启泵后泵体发热的原因及处理

（一）原因

(1) 进口阀门未打开，泵内无水；

(2) 泵出口排量控制过小；

(3) 几台泵并联运行来水不足或储罐液位过低；

(4) 干线压力高于泵的出口压力，泵不排液；

(5) 泵轴与原动机轴线不一致，轴弯曲；

(6) 轴承或密封环损坏，造成转子偏心；

(7) 转子不平衡引起振动，造成内部摩擦；

(8) 平衡机构磨损，造成叶轮前盖板和泵段摩擦。

（二）处理方法

(1) 盘泵确认泵转动灵活，打开进口阀门灌泵；

(2) 加大排量或安装旁通管线；

(3) 调整开泵台数或增大来水管线直径；

(4) 调整管路系统压力；

(5) 校正泵机组同轴度或更换泵轴；

(6) 更换轴承；

(7) 检修转子，消除摩擦；

(8) 检修平衡机构。

十六、泵轴窜量过大的原因及处理

（一）原因

（1）泵的流量控制不合理；

（2）定子或转子累积误差过大；

（3）安装平衡盘后没进行间隙调整即投入运行。

（二）处理方法

（1）调整出口阀门，控制流量在允许范围内；

（2）测量轴窜量，根据测得的数值制作垫子，并垫入轴承内圈和轴承盖之间；

（3）多级泵拆检平衡盘，在平衡环后背垫铜皮或铁皮。

十七、多级离心泵平衡装置故障的原因及处理

（一）原因

（1）相邻两级叶轮间的级差增大，造成级间泄漏量增加；

（2）与吸入室连接的平衡管堵塞，造成平衡鼓或平衡盘磨损严重；

（3）平衡盘与平衡环轴向间隙大或磨损严重；

（4）平衡盘与平衡环轴向间隙过小，造成平衡盘卡死。

（二）处理方法

（1）调整相邻两级叶轮的级差，减小级间压差，从而减少级间泄漏量；

（2）清除平衡管内堵塞物；

（3）调整平衡盘间隙或更换平衡盘。

第十一章　往复泵的故障原因及处理方法

一、柱塞泵柱塞过热的原因及处理

（一）原因

(1) 柱塞密封压得过紧；

(2) 传动机构油箱的油量过多或过少，润滑油变质；

(3) 各运动副润滑不良。

（二）处理方法

(1) 调整密封填料压盖的松紧度；

(2) 更换润滑油，调整油位在合适的位置；

(3) 检查清洗各油孔。

二、往复泵流量不足的原因及处理

（一）原因

(1) 单向阀密封不严；

(2) 吸入侧管路部分堵塞或阀门关闭，旁路阀未关严或过滤器堵塞；

(3) 吸入管或柱塞填料处漏气；

(4) 活塞与泵缸间隙过大，活塞环卡住磨损；

(5) 单向阀内弹簧疲劳或损坏；

(6) 安全溢流阀动作；

(7) 行程不够；

(8) 泵速降低。

（二）处理方法

(1) 研磨单向阀密封面；

(2) 打开吸入侧管路阀门清理堵塞物，关闭旁路阀门清洗过滤器；

(3) 适当压紧填料；

(4) 更换活塞；

(5) 修理单向阀；

(6) 调整安全阀起跳压力；

(7) 重新选择泵型；

(8) 调整电源和动力设备。

三、往复泵液力端声音异常的原因及处理

（一）原 因

(1) 输送介质中有空气；

(2) 排出阀阀座松动；

(3) 阀箱内有硬物相碰；

(4) 泵内吸入固体物质；

(5) 空气室内无空气。

（二）处理方法

(1) 排除空气；

(2) 更换排出阀；

(3) 清除阀箱内硬物；

(4) 检查泵缸，清除固体物质；

(5) 检查并充填空气室内空气。

四、往复泵动力端声音异常的原因及处理

（一）原 因

(1) 连杆瓦或铜套严重磨损或损坏；

(2) 活塞螺帽松动或活塞环损坏；

(3) 减速齿轮严重磨损或损坏；

(4) 十字头中心架连接处松动；

(5) 十字头与导板磨损严重或损坏。

（二）处理方法

(1) 更换连杆瓦或铜套；

(2) 紧固活塞螺帽或更换活塞环；

(3) 拆换减速齿轮；

(4) 修理或更换十字头；

(5) 拆换导板。

五、往复泵压力不稳的原因及处理

（一）原 因

(1) 阀关不严或弹簧弹力不均匀；

(2) 活塞环在槽内不灵活。

（二）处理方法

(1) 研磨阀或更换弹簧；

(2) 调整活塞环与槽的配合。

六、往复泵密封装置泄漏的原因及处理

（一）原因

(1) 密封填料过松或磨损严重；

(2) 密封填料老化或选用的密封填料质量不合格；

(3) 柱塞磨损严重。

（二）处理方法

(1) 适当压紧密封填料或更换密封填料；

(2) 选用质量合格的密封填料；

(3) 更换柱塞。

七、往复泵负载过大的原因及处理

（一）原因

(1) 排出管有堵塞现象；

(2) 密封填料压得过紧；

(3) 活塞与泵缸间隙太小；

(4) 输送介质黏度过大；

(5) 润滑不良；

(6) 泵与电动机不同心。

（二）处理方法

(1) 清理排出管线堵塞物；

(2) 调整密封填料压盖的松紧度；

(3) 检查调整活塞与泵缸的间隙；

(4) 对介质预热升温；

(5) 检查各润滑部位，添加润滑油或润滑脂；

(6) 校正机泵同心度。

八、往复泵动力端冒油烟的原因及处理

（一）原因

(1) 连杆瓦烧；

(2) 连杆铜套顶丝松动或油路堵塞；

(3) 十字头与导板无润滑油。

（二）处理方法

(1) 修理或更换连杆瓦；

(2) 紧固顶丝，清除堵塞物；

(3) 添加润滑油。

九、往复泵不排液的原因及处理

（一）原因

(1) 吸入管堵塞或吸入管路阀门未打开；

(2) 吸入液面太低；

(3) 旁路阀门未关闭；

(4) 阀箱内有空气；

(5) 活塞密封圈严重损坏；

(6) 吸入管线连接不严或填料筒漏气；

(7) 吸入阀、排液阀遇卡。

（二）处理方法

(1) 检查吸入管、过滤器，打开阀门；

(2) 调整吸入液面高度；

(3) 关闭旁路阀门；

(4) 加液排气；

(5) 更换密封圈；

(6) 紧固管线或检修填料筒；

(7) 清除卡塞物。

十、提高柱塞泵抗汽蚀的措施

(1) 降低泵的安装高度；

(2) 缩短吸入管线的长度；

(3) 安装吸入空气包。

第十二章　螺杆泵的故障原因及处理方法

一、泵不吸油的原因及处理

（一）原因

(1) 吸入管路堵塞或漏气；

(2) 吸入高度超过允许吸入真空高度；

(3) 电动机反转；

(4) 介质黏度过大。

（二）处理方法

(1) 检修吸入管路；

(2) 降低吸入高度；

(3) 调整电动机电源相序；

(4) 对介质预热升温。

二、流量下降的原因及处理

（一）原因

(1) 吸入管路堵塞或漏气；

(2) 螺杆与衬套内严重磨损；

(3) 电动机转速不够；

(4) 安全阀弹簧太松或阀瓣与阀座接触不严。

（二）处理方法

(1) 检查吸入管路；

(2) 磨损严重时应更换零件；

(3) 修理或更换电动机；

(4) 调整弹簧，研磨阀瓣与阀座。

三、压力表指针波动大的原因及处理

（一）原因

(1) 吸入管路漏气；

(2) 安全阀没有调好或工作压力过大，使安全阀时开时闭。

（二）处理方法

(1) 检查吸入管路；

(2) 调整安全阀或降低工作压力。

四、轴功率急剧增大的原因及处理

（一）原因

(1) 排出管路堵塞；

(2) 螺杆与衬套内严重磨损；

(3) 介质黏度太大。

（二）处理方法

(1) 停泵清洗管路；

(2) 检修或更换有关零件；

(3) 对介质预热升温。

五、泵振动大的原因及处理

（一）原因

(1) 泵与电动机不同心；

(2) 螺杆与衬套不同心或间隙大、偏磨；

(3) 泵内有气；

(4) 安装高度过大，泵内产生汽蚀。

（二）处理方法

(1) 调整机泵同轴度；

(2) 检修调整螺杆与衬套的间隙等；

(3) 检修吸入管路，排除漏气部位；

(4) 降低安装高度或降低转速。

六、泵发热的原因及处理

（一）原因

(1) 泵内严重磨损；

(2) 机械密封回油孔堵塞；

(3) 油温过高。

（二）处理方法

(1) 检查调整螺杆和衬套之间的间隙；

(2) 疏通回油孔；

（3）适当降低油温。

七、机械密封大量漏油的原因及处理

（一）原因

（1）装配位置不正确；

（2）密封压盖未压平；

（3）动环和静环密封面碰伤；

（4）动环和静环密封圈损坏。

（二）处理方法

（1）重新按要求安装机械密封；

（2）调整密封压盖；

（3）研磨密封面或更换新零件；

（4）更换密封圈。

第十三章　齿轮泵的故障原因及处理方法

一、齿轮泵流量不足的原因及处理

（一）原因

(1) 吸入管线、过滤器堵塞；

(2) 泵体或吸入管线漏气；

(3) 齿轮轴向间隙过大；

(4) 齿轮径向间隙或齿侧间隙过大；

(5) 回流阀未关紧；

(6) 电动机转速不够；

(7) 安全阀弹簧太松或阀瓣与阀座接触不严。

（二）处理方法

(1) 清理吸入管线或过滤器；

(2) 更换垫片，紧固螺栓，修复管路；

(3) 调整齿轮轴向间隙；

(4) 更换泵壳或齿轮；

(5) 检修回流阀；

(6) 修理或更换电动机；

(7) 调整弹簧压缩量，研磨阀瓣与阀座。

二、齿轮泵运转中有异常响声的原因及处理

（一）原因

(1) 油中有空气；

(2) 泵转速太高；

(3) 泵内间隙太小；

(4) 轴承磨损，间隙太大；

(5) 主动齿轮轴与电动机轴同心度超标。

（二）处理方法

(1) 排除油中气体；

(2) 调整电动机转速；

(3) 检修调整泵内间隙；

(4) 更换轴承；

(5) 校正机泵同心度。

三、齿轮泵泵体过热的原因及处理

（一）原因

(1) 吸入介质温度过高；

(2) 轴承间隙过大或过小；

(3) 齿轮径向间隙、轴向间隙、齿侧间隙均过小；

(4) 出口阀开度小，造成压力过高；

(5) 润滑不良。

（二）处理方法

(1) 冷却介质；

(2) 调整间隙或更换轴承；

(3) 调整间隙或更换齿轮；

(4) 开大出口阀门，降低压力；

(5) 更换润滑脂。

四、齿轮泵不排液的原因及处理

（一）原因

(1) 吸入管堵塞或漏气，轴封机构漏气；

(2) 泵反转；

(3) 安全阀卡住；

(4) 泵内间隙过大；

(5) 介质温度过低；

(6) 启动前未灌泵。

（二）处理方法

(1) 清除吸入管内杂物，检修漏气部位；

(2) 调换电动机的电源接头；

(3) 检修安全阀；

(4) 调整泵内间隙；

(5) 加热输送介质；

(6) 启泵前灌泵。

五、齿轮泵密封机构渗漏的原因及处理

（一）原因

(1) 密封填料材质不合格；

(2) 填料压盖松动；

(3) 填料安装不当；

(4) 密封填料或密封圈失效；

(5) 机械密封件损坏；

(6) 轴承间隙过大或过小，泵振动超标；

(7) 轴弯曲；

(8) 泵轴与电动机轴同心度超标。

（二）处理方法

(1) 重新选择密封填料；

(2) 调整密封填料压盖的松紧度；

(3) 重新安装密封填料；

(4) 更换密封填料和密封圈；

(5) 更换机械密封件；

(6) 更换轴承；

(7) 校正或更换泵轴；

(8) 校正机泵同心度。

六、齿轮泵压力表指针波动大的原因及处理

（一）原因

(1) 吸入管路漏气；

(2) 安全阀没有调整好或工作压力过大，使安全阀时开时闭。

（二）处理方法

(1) 检查吸入管路；

(2) 调整安全阀，降低工作压力。

七、齿轮泵振动或发出噪声的原因及处理

（一）原因

(1) 吸入高度太大，介质吸不上来；

(2) 主动齿轮与从动齿轮平行度超标；

(3) 主动齿轮轴和电动机轴同心度超标；

(4) 齿轮磨损严重；

(5) 键槽损坏或配合松动；

(6) 泵机组地脚螺栓松动；

(7) 泵内进杂物；

(8) 泵轴弯曲；

(9) 吸入介质中有空气；

(10) 轴承磨损，间隙过大。

（二）处理方法

(1) 降低安装高度或升高液位；

(2) 检修校正主动齿轮与从动齿轮平行度；

(3) 校正机泵中心线；

(4) 修理或更换齿轮；

(5) 修复键或键槽，调整配合间隙；

(6) 紧固地脚螺栓；

(7) 清理杂物，检查过滤器；

(8) 校直或更换泵轴；

(9) 排除介质中的空气；

(10) 更换轴承。

八、齿轮泵轴功率过大的原因及处理

（一）原因

(1) 排出管堵塞或排出阀未开启；

(2) 密封填料压得过紧；

(3) 泵轴与电动机轴同心度超标；

(4) 输送介质黏度过大；

(5) 泵内间隙过小。

（二）处理方法

(1) 清理排出管路，打开排出阀；

(2) 调整密封填料的松紧度；

(3) 校正机泵同心度；

(4) 对输送介质预热升温；

(5) 调整泵内间隙。

参 考 文 献

[1] 集输工.中国石油天然气集团公司职业技能鉴定指导中心.北京：石油工业出版社，2011.

[2] 禹克智.油田常用泵使用与维护.北京：石油工业出版社，2010.

[3] 柴立平.泵选用手册.北京：机械工业出版社，2009.

[4] 黄希贤，曹占友.泵操作与维修技术问答.第2版.北京：中国石化出版社，2012.

[5] 杨雨松，等.高职高专项目导向系列教材：泵维护与检修.北京：化学工业出版社，2012.

[6] 杨春，高红斌.流体力学泵与风机.北京：中国水利水电出版社，2011.

[7] 王春堂.水泵与水泵站.黄河水利出版社，2011.

[8] 全国化工设备设计技术中心机泵技术委员会.工业泵选用手册.第2版.北京：化学工业出版社，2011.

[9] 中国石化集团上海工程有限公司.石油化工设备设计选用手册机泵选用.北京：化学工业出版社，2011.

[10] 禹克智.油田常用泵技术问答.北京：石油工业出版社，2011.

[11] 中国石油天然气集团公司职业技能鉴定指导中心.注水泵工.北京：石油工业出版社，2009.

[12] 中国石油天然气集团公司人事服务中心.注输泵修理工.北京：石油大学出版社，2004.

[13] 李振泰.油气集输技能操作读本.北京：石油工业出版社，2009.